国家社科基金
后期资助项目
GUOJIA SHEKE JIJIN HOUQI ZIZHU XIANGMU

文化共生视域下的
拱北艺术

牛乐　著

科学出版社
北　京

内 容 简 介

拱北是以传统中式古建为基础，集民俗、艺术于一体的地域人文景观，也是多元艺术文化和审美情趣的有机结合体，既包括精美的建筑装饰，也包含丰富的非物质文化。作为文明交融互鉴的文化遗产，拱北以中华民族传统文化为母体，成功地融入了丝路文明的多元文化元素，形成了独具特色的文化符号和表意系统，构成了多元交融的艺术文化传承场域。

作为典型的民族艺术文本，拱北生成于多元民族社会富有历史感的、积极的社会形塑，其丰富的文化修辞和互动实践是文明对话的符号表征，体现出在差异中共生、在融通中发展的文化间性特质。作为历史与现实的综合表征，拱北建筑是集合了自然灵韵、人文性格、社会关系的文化空间，并进一步因其内在的生产活性成为居于自然和社会之间的生态景观，彰显了人的灵感与创造力在历史时空与生活世界之间的中介意义。

本书适合从事艺术学、人类学、社会学研究的学者阅读，亦可供从事非物质文化遗产研究与保护的专业人士及普通读者参考。

图书在版编目（CIP）数据

文化共生视域下的拱北艺术 / 牛乐著 . --北京：科学出版社，2024.7
国家社科基金后期资助项目
ISBN 978-7-03-074980-2

Ⅰ.①文… Ⅱ.①牛… Ⅲ.①陵墓 - 建筑艺术 - 中国 - 古代 Ⅳ.① TU-092.2

中国国家版本馆 CIP 数据核字（2023）第 035953 号

责任编辑：杜长清 / 责任校对：杨　然
责任印制：徐晓晨 / 封面设计：润一文化

科 学 出 版 社 出版
北京东黄城根北街 16 号
邮政编码：100717
http://www.sciencep.com
北京建宏印刷有限公司印刷

科学出版社发行　各地新华书店经销
*
2024 年 7 月第 一 版　开本：720×1000　1/16
2024 年 7 月第一次印刷　印张：14 3/4
字数：220 000
定价：129.00 元
（如有印装质量问题，我社负责调换）

国家社科基金后期资助项目
出版说明

后期资助项目是国家社科基金设立的一类重要项目，旨在鼓励广大社科研究者潜心治学，支持基础研究多出优秀成果。它是经过严格评审，从接近完成的科研成果中遴选立项的。为扩大后期资助项目的影响，更好地推动学术发展，促进成果转化，全国哲学社会科学工作办公室按照"统一设计、统一标识、统一版式、形成系列"的总体要求，组织出版国家社科基金后期资助项目成果。

全国哲学社会科学工作办公室

国家社科基金后期资助项目
出版说明

后期资助项目是国家社科基金设立的一类重要项目，旨在鼓励广大社科研究者潜心治学，支持基础研究多出优秀成果。它是经过严格评审，从接近完成的科研成果中遴选立项的。为扩大后期资助项目的影响，更好地推动学术发展，促进成果转化，全国哲学社会科学工作办公室按照"统一设计、统一标识、统一版式、形成系列"的总体要求，组织出版国家社科基金后期资助项目成果。

全国哲学社会科学工作办公室

目　录

061 ○ **第四章　拱北的文化阐释**

061 ○ 第一节　艺术文化的多元叙事

075 ○ 第二节　文化空间与文化生产

081 ○ 第三节　文化修辞与符号机制

090 ○ **第五章　拱北建筑艺术**

090 ○ 第一节　建筑布局

092 ○ 第二节　建筑形制

099 ○ 第三节　建筑特征与文化内涵

107 ○ **第六章　拱北装饰艺术**

107 ○ 第一节　装饰形制与规范

114 ○ 第二节　砖雕装饰

118 ○ 第三节　木雕、彩绘与彩绘雕刻

126 ○ 第四节　习俗、规范与文化认同

128 ○ **第七章　田野考察与口述史**

128 ○ 第一节　两座新建拱北的田野考查

138 ○ 第二节　老艺人口述史

149 ○ 第三节　古建艺人访谈

158 ○ 第四节　拱北相关人士采访

161 ○ 小结

导言

地方性知识与多元叙事

一

　　临夏回族自治州是一个有着特殊文化氛围的地方，从洮河到土门关之间的地带是一个多元文化气息浓厚的区域。作为多民族聚居、多民族文化交汇的地区，临夏不仅以其多元的文化习俗和文化景观著称，更呈现出多元共生的地域文化风貌，这种风貌的形成是多民族文化互融、互通、互鉴的结果，也是中华民族多元一体格局在西北一隅的真实体现。

　　历史上的临夏有"河湟雄镇"之称，尽管从文化地理概念来看，河湟地区包括青海东部和甘肃西部与青海接壤的广大地域范围，但是所有的临夏人仍执拗地认为临夏才是河湟地区的中心，因为其不只是一个地理概念，更代表一种深刻的文化认同，也可以认为，唯有"河湟"一词才可以生动地呈现甘青地区多民族文化互动、融合与发展的历史图景。

　　历史上的临夏（古称河州）曾为丝绸之路南路的

通衢，尤其自明初设茶马司于河州①卫以来，临夏开始成为汉藏民族之间茶马互市的重镇。自元代开始，信仰伊斯兰教的移民不断迁入河湟地区，改变了河湟地区的民族文化格局，丰富了河湟文化的多元文化特质，使河湟地区诸民族的语言、习俗、生活方式、审美情趣均显露了丝路文明传播与交流的痕迹。

在河湟古代史上，多民族的互动对河湟地域文化的发展构成了深刻的影响。②至明清时期，几种不同渊源的文化传统在河湟地区风云际会，形成了由多元文明构成的多层次社会结构，开启了近代河湟社会文明对话、文化共生的社会变迁史。

尽管各民族之间始终存在文化习俗的差异，但是由于文化与血缘的交融以及社会生活的共同需求，各民族间交流、沟通逐渐成为常态，文化共享和价值观的趋同性日益显著，逐渐形成了一种多元共生的文化特质，这种文化特质使多民族、多地域的文化在交融中传承与发展，同时也造就了河湟地区极具多元色彩的人文景观。

二

除近代聚居于河湟地区的汉族、藏族、回族、东乡族、保安族、撒拉族、蒙古族、土族等民族外，历史上曾有多个民族集团先后在河湟地区比邻而居或者相互杂处，既相互依赖，又存在文化上的差异。历史上持续不断的文化变迁对河湟地区文化传统的形成产生了深刻的影响，多种文化传统的碰撞和交互影响使河湟文化形成了多民族文化共生的地域文化格局。

当代中国学术领域的文化共生理论具有鲜明的

---

① 临夏回族自治州历史上先后有枹罕、河州、导河等称呼。
② 武沐，王希隆．2001．试论明清时期河湟文化的特质与功能．兰州大学学报（社会科学版），（6）：45-52.

现实指向，致力于描述和论证中华民族多元一体的文化格局以及和谐社会的愿景，将其表述为"多元文化之间的紧密联结、共栖、共存的文化状态"①，大多探讨文化共生现象与多元文化之间的关系以及其形成的可能性、内驱力，并试图提出建设文化共生形态的路径。

文化共生既是文化变迁的历史形态，也表现为文化互动的共时关系。河湟地区多民族的共生关系基于一个宏大的历史场景，是历史上多种异质文化在持续的整合中生成的。宏观地看，河湟文化是以中华民族文化为母体的地域文化共同体，也可以认为，发展中的中华民族文化是河湟多民族文化的共同根基。微观地考察，河湟文化亦包含复杂的共生关系，即每一对民族文化之间均存在相互依存、相互包容的共生关系。同时，这种共生关系是随时代、民族、文化的变迁而动态发展的。相对而言，河湟多民族之间的共生关系以"偏利共生"和"互惠共生"为主，故"共生"一词成为本书研究的核心思想内涵。

同时，这种共生的文化系统也传承了丰富的民族文化基因，这些文化基因在不同地域和族群间的融合、变异不仅造就了多姿多彩的民族文化传统，亦书写了波澜壮阔的民族迁徙史和文化交流史，这些绵延而活态的文化资源甚至比悠远的历史遗迹更具有文化张力，这是其深层次的文化魅力所在。

三

从地理文化视角来看，河湟地区正好处于中国西北地理、民族和文化的边界。基于多地域、多民族文化传统的碰撞，河湟地区的社会文化表现出典型的多元文化特征，其多元的知识谱系以及复杂的传

---

① 邱仁富．2008．文化共生论纲．兰州学刊，（12）：155-158.

承、传播方式共同构成了一种地域文化的意义之网 ①，而丰富的地方性知识则是构成这种意义之网的脉络和语法。

在河湟地区的历史进程中，艺术是多民族文化传播的重要介质，亦是地方性知识的重要组成部分。本书将艺术视为丰富的形式与生产活动构成的整体，赋予其重要的社会功能，并关注其被物化的社会生命形态。在社会文化系统中，艺术常表现为普遍的、显性的文化形式，其生产过程则表现为在社会事实作用下个体与社会互动的行为。作为社会文化知识体系的重要组成部分，艺术以其充沛的活性参与了社会文化意义之网的建构，深刻地揭示了文化结构的深层个性和文化传承的策略和机制。

现实中的艺术是一种可以同时追求个性和共性的活动，在河湟地区的文明进程中，艺术文化表现出积极的社会整合作用，其承载的多元的文化基因被物化和重构为新的物质文化形式，其求同存异的活力成为地域文化共同发展的积极动力。基于这种内生动力，在河湟多民族聚居地区，艺术活动不仅成为黏结复杂的社会关系的重要介质，还给多元的社会结构提供了充沛的支撑力。

在此意义上，艺术活动是一种具体的、被不断建构的社会实践，文明的传承与融汇使其生成了深刻的文本意义，多元共生的文化环境使其被建构的同时，亦展现了被文化解释和深描（thick description）的空间。

故本书所指的艺术，包括但不局限于某种艺术形

---

① 美国人类学家克利福德·格尔茨（Clifford Geertz，1926～2006 年）认同德国社会学家马克斯·韦伯（Max Weber）的观点"人是悬挂在自己编织的意义之网上的动物"，并认为"对文化的分析不是探索规律的实验科学，而是探索意义的阐释性学科"。这种对文化的理解质疑了用普遍性知识统御一切文化的话语权，也同时树立了地域性文化系统在人类文化场域中不可替代的重要性。参见（美）克利福德·格尔茨 . 2014. 文化的解释. 韩莉译. 南京：译林出版社，5.

式本身，亦不止步于对艺术审美特质的分析，而是试图揭示艺术文化的生成过程及其承担的社会功能和关系。在此意义上，本书研究的艺术活动亦可以被理解成一种文化整合的策略活动，其深刻反映了多元民族文化整合的过程与内在机制。

四

文化全球化存在一种基本矛盾，即尽管文化多元主义的影响日趋显著，但是所有区域性的、民族性的文化也会在潜在的元话语（meta-discourse）以及强大的信息传播技术、经济力量的驱使下趋于同质化，基于这种矛盾，对于多元文化的价值评述同样会陷入相互矛盾的境地。在此，多元化与同质化的反复交锋成为后现代社会文化语境中无法缓解和脱离的逻辑矛盾，二者之间持续的话语争斗和价值博弈亦是不能回避的现实。

文化的共生与交流不仅是历史现象，也是持续发展的社会现实。作为伊斯兰文化中国化、本土化的典型形式，拱北文化是由景观、图像、语言、仪式共同构成的多元叙事整体，文化的传承、漂移、融合与重构赋予河湟文化丰富的历史细节与现实样貌。

作为多民族共创的文化遗产，拱北是各民族交往、交流、交融的历史见证，也是艺术作为创造性活动参与社会事实构建的现实表征，基于这种理解，对文化遗产的艺术化阐述可以揭示诸多被宏大叙事所遮蔽的丰富的历史细节，并呈现更具内涵的文化图景。

本书以丝路文明传播视野下河湟多民族文化圈的形成为基础，从文明对话的大视野展开叙事，以艺术民族志的文本形式呈现了中国西部多民族文化互融共生的历史图景。在中华文明形成与发展的历史场景中，多种多样的地域民族文化将丰富的思想和文化成果融入了中华传统文化的体系之中，对中华民族多元一体格局的形成起到了很大的推动作用，正是对这种历史场景的追溯构成了本书的研究基础，由此展开的多元叙事成为本书的主旨。

第一章
历史文化与地域文化考辨

第一节　历史演进与文化变迁

一、历史文化变迁

"河湟"作为地理概念见《后汉书·西羌传》[①]，指黄河上游以及湟水、大通河流域，亦被称为"三河间"。当代文献中更有大河湟与小河湟的说法，小河湟之说遵循自然地理概念，特指以西宁为中心的青海海东地区，而大河湟则指青海和甘肃两省的交界地带，是一种人文地理概念。

在当代文化研究视域中，作为文化概念的"河湟"并不局限于上述地理范围，而是一个有着更大空间跨度和时间跨度的文化传承区域。如果忽略行政区划造成的地域认同因素，则这一概念应该由地理形态和文明形态两个方面共同界定。一是黄土高原与青藏高原的交界地，二是农耕文化与游牧文化的交错过渡地带。从这个意义上看，"河湟文化"一词实际上涵

[①]《后汉书·西羌传》中有："河湟间少五谷，多禽兽，以射猎为事。""西逐诸羌，乃度河湟，筑令居塞。"

盖了虚拟的文化分界线两侧的文化，更确切地说，其描述的是一种跨民族、跨地域传承的多元一体的文化关系。

基于这种文化关系，河湟文化的区域由于其历史上错综复杂的文明传承关系而被延伸至甘肃省的洮河流域、甘南地区以及河西走廊。作为一部地域性的文明史，河湟文化的历史脉络由复杂的民族迁徙、政权更替、贸易活动、文化交流构成，由此生成的人文文化遗产成为河湟文化引人入胜的内容。

在时间跨度上，河湟地区有着从彩陶文明时期至今连绵不断的文化传承，看似变迁频繁，却有着内在的连贯性，多民族交往、交流、交融的历史形成了河湟民族文化丰富的基因谱系，共同赋予其多层次的文化意义。从氐羌文明到今天的多民族聚居区域，经过多次文化聚合，河湟始终保持了这种文化基因的复杂性以及多元多边的文化互动关系。①

先秦至两宋，在河湟地区活动的族群众多，除较有历史影响的小月氏、吐蕃、吐谷浑、西秦、唃厮啰、女真、党项等政权外，更有数不清的民族集团和政治势力阶段性地渗透到这一地区，文明痕迹层累积淀、错综复杂。

元代以降，伴随着广泛的移民活动，河湟地区的民族格局开始向多元化发展，频繁的商业活动活化了河湟地区的民族交往和文化传播。多元文化习俗开始显著影响河湟各民族的社会生活。

明代是中央政府向河湟地区大规模移民的时期，移民实边和屯田政策形成了近代河湟地区基本的民族格局和人口结构。与此同时，明朝政府统一民众信仰的文化策略整合了意识形态，强化了中华传统文化在多民族地区的文化影响力。此外，汉藏茶马贸易开拓了汉藏边地的族际市场空间，推动了河湟与内地之间

---

① 杜常顺.2004.论河湟地区多民族文化互动关系.青海社会科学,(4):120-124.

经济的交流，促进了河湟地区生产与经济的快速发展。

自此，河湟地区近代的民族文化格局初步形成，激烈的争夺生存空间的斗争逐步转化为基于共同生活空间和文化空间的互动关系，这种互动又暗含一种微妙的制衡关系。同时，随着中华传统文化的长期渗透以及中央政权持续的政治影响，河湟诸民族对于中央政权的国家认同感亦逐步形成①，这一转变标志着近代意义上的河湟文化圈的形成，在这个由多种文化所构成的地缘关系中，虽然内敛的默契与显著的争端仍旧并存，但是其多元并存的文化格局已经成为一种事实。

清雍正十三年（1735年），沿袭数朝的"茶马制度"由于积弊甚重被取消，清政府大力发展贡赐贸易和寺院贸易，给民间自由贸易的发展带来了机遇，各民族间的民间贸易迅速崛起②，这一变迁对于河湟地域文化特质的形成构成了重大影响，削弱了河湟地区的边疆特征，强化了河湟各民族的国家认同和民族认同，促进了河湟传统农牧业经济向工商业、制造业经济的转型。

清代河湟地区的民族商业贸易进一步繁荣，当时的甘肃河州（现临夏回族自治州）、拉卜楞（现夏河县），青海西宁、鲁沙尔镇（现西宁市湟中区）、丹噶尔厅（现湟源县）等河湟城镇均成为河湟民族贸易的重要枢纽和集散地，也是河湟民族工业和手工艺生产的中心。在数百年回藏贸易的基础上，回族商队成为汉藏贸易的重要中介，内地的商帮和金融资本也大量进入河湟地区，商贸种类日益呈现地域化、多元化的特点。青藏高原牧区输出马匹、羊毛及其他畜牧产品，内地则输入副食品及生活用品。兴盛的多民族贸易构成了多边的物质需求网络，进一步贯通了内地和青藏

---

① 余超. 2011. 浅探元明时期河湟地区新民族的形成与伊斯兰教传播发展的关系. 剑南文学，（4）：228-229.

② 勉卫忠. 2005. 清朝前期河湟回藏贸易略论. 西北第二民族学院学报（哲学社会科学版），（3）：55-61.

高原之间的贸易和文化通道，同时也促进了河湟地区社会文化的近代化进程。

二、河湟地缘文化

20世纪80年代初，费孝通先生在甘肃、青海考察后敏锐地提出了"西北民族走廊"的学术概念。其后，费孝通先生于1988年发表了论文《中华民族的多元一体格局》，在国际人类学、民族学、社会学界引起巨大反响。基于这一理论，河湟文化作为一种独特的地域文明形态被当代中国学界加以观照，历史学、民族学、宗教学、民俗学等诸多领域学者共同致力于揭示河湟文化形成的历史脉络和文化机制，而河湟地区显著的多民族文化共生现象亦成为中华民族多元一体格局的生动阐释。

从华夏文明发展的视野来看，河湟文化是构成中华文明体系的一个地域文化单位，多民族文化的共生与互动赋予河湟文化特殊的感觉和价值。

在宏观层面，河湟文化同时具有文化圈、文化板块等多重性质，其演进过程始终围绕游牧文明、商业文明、农耕文明之间的互动。基于各民族生产力水平的差距以及生活方式的差异，河湟地区的族群文化与区域社会制度、经济结构之间的矛盾普遍存在，这种矛盾关系主要通过文化的相习和物质资料的生产、交换得到缓和。

在此意义上，河湟社会文化的所有特征都与不同族群的物质需求相关，绵延数百年的民族贸易形塑了河湟社会基本的结构和文化形态，在多民族交往关系中，精神诉求与物质诉求往往被共同裹挟于"物性"中流动。伴随着商品交换，资源的互惠以及文化的认同、共享形成了河湟文化的精神谱系，而隐性的文化基因、心理素质则微妙地建构为生活的秩序。

相对而言，河湟文化作为一个地域文化共同体在历史上始终保持了鲜明的多元文化特质、地域性格和文化特点，各民族文化在多元共生的文化环境中得到了发展。由于文化传统的多元性，河湟各民族的思维方式、生活习俗演化为持续的文化整合现象，并成为区域文化变迁的基本动力。客观地评价，近代河湟民族文化的发展始终贯穿了文化整合所产生的内驱力，基于持续的文化互动和社会整合，河湟多民族社会最终形成多元而一体的文化整体。

如果河湟是一个大文化圈，临夏（河州）[①]则是这个文化圈中的地域文化单位，浓缩了河湟文化的整体结构和微观形态。临夏地处古丝绸之路南道和唐蕃古道的交会点，是明代茶马互市的中心，因濒临大夏河而得名，素以"河湟雄镇"著称。古籍中用"东连陇属，西控吐蕃"[②]描述临夏的战略位置，形象地阐明了临夏作为中国西部地理、民族、文化、经济形态分界线的诸多地缘特征，也暗示了其在河湟社会文化格局中的重要作用。

历史上临夏曾有多个地名，其中"河州"和"枹罕"两个名称最具影响力。历史上的枹罕县由秦王朝设立[③]，标志着河湟地区被纳入中原王朝版图的起始。"枹罕"一词作为地名本来寓意和平[④]，然而临夏地区自先秦至清末的几千年历史上却兵燹不绝，这种持续的动荡和冲突充分体现了临夏地缘文化的敏感性，亦呈现了文化板块碰撞与交融的历史图景。

---

① 当代的临夏回族自治州是全国两个回族自治州之一，辖七县一市，其中包括两个少数民族自治县，分别为临夏市、临夏县、永靖县、康乐县、和政县、广河县、东乡族自治县、积石山保安族东乡族撒拉族自治县，自治州首府驻临夏市。

② （明）吴祯. 2004. 河州志校刊·文籍志（下）. 马志勇校. 兰州：甘肃文化出版社，141.

③ 关于枹罕县的建立史学界有不同意见，甘肃考古学者边强先生基于考古证据认为枹罕为秦代建立，郡治在今临夏县双城一带。

④ "枹"字原意为鼓槌，而"罕"是稀少之意，故寓意战端稀少。

清末至民国时期，河州成为河湟地区新的经济和文化中心。与西南方向的青藏高原牧区以及东南方向的洮岷①农业区相比，临夏地区的工商业社会形态无疑表现出一定的先进性。同时，与关陇②文化区的连接赋予河州交通枢纽的地位，并与周边的地域构成了一个小型的社会文化系统，这种文化系统的影响范围至今可以通过方言、生活习俗、信仰、经济结构得到确证。

近代临夏地区生活着回族、东乡族、保安族、撒拉族等多个信仰伊斯兰教的民族。伊斯兰文化所传承的中亚、西亚丝路文明对于河湟多元文化格局的形成起到了重要的作用，并在社会生活中显示出积极进取的文化风貌。③

《元史》中载，1273年，元世祖忽必烈下令屯戍的蒙古军队"探马赤随地入社，与编民等"。③《元史》中又载：至元二十八年（1291年）"十一月丙申，以甘肃旷土赐昔宝赤合散等，俾耕之"。④从上述历史记载中可见，大批中亚军人和手工业者随蒙古军队屯戍在河湟地区，成为河湟地区信仰伊斯兰教人口的基础。⑤

此后的几百年，他们与当地汉族、藏族、蒙古族、土族居民持续的血缘交融，为近代河湟回族、东乡族、撒拉族、保安族等民族的形成奠定了基础，也同时改

---

① 狭义的洮岷地区指甘肃省岷县、临潭县、卓尼县等地区，从文化习俗、民族分布和方言体系来看，还应包括甘肃省定西市临洮县、宕昌县、漳县，甘南州迭部县、舟曲县及陇南市部分地区。

② "关陇"为地理文化概念，常见于汉代之后的史籍中，指现在的甘肃省东部及陕西省的关中、汉中等区域。

③ （明）宋濂. 元史·卷九十三·食货 // 钦定四库全书. 文渊阁第0293册，0770d.

④ （明）宋濂. 元史·卷十六·本纪第十六·世祖十三 // 钦定四库全书. 文渊阁第0292册，0233a.

⑤ 余超. 2011. 浅探元明时期河湟地区新民族的形成与伊斯兰教传播发展的关系. 剑南文学，（4）：228-229.

变了河湟地区的社会生活格局。在此期间，河湟地区多元的人文环境使伊斯兰文化具有了相对宽松的发展空间，并作为一种新的文化元素融入了河湟地域文化之中。

在长期民族贸易中，回族商人的商业道德和吃苦耐劳的品格在河湟地区建立了良好的声誉。其中，渗透在回族士商阶层观念中的仁、诚、信等中国传统文化价值观念也起到了不可低估的作用。

民国时期，回族成为河湟地区的商业、饮食服务业、手工制造业的中坚力量，商业活动在多民族文化族际互动中的作用愈益显著。同时，由于历史上长期的民族交往和血缘融合，民国时期河湟各民族群众在语言、服饰、生活习俗方面已经相互影响、充分交融，在社会生活的各个层面表现出共同的中华文化特色。

抗日战争时期，大批西行的内地文化学者曾旅经临夏，临夏地区的民族关系和社会文化成为学者的关注点。著名史学家顾颉刚、王树民对此问题尤为关注，均曾著文进行专门研究，其中顾颉刚和王树民在西北考察期间曾多次会晤临夏地区的民族宗教人士，记录了丰富的文化资料。

此外，当时西北地区的诸多杂志和学术刊物，如《新西北》《西北通讯》《边政公论》等多载有专门研究临夏地区民族宗教问题的论文，其中对诸如民族史、民族关系、宗教格局等问题都有较详尽的探讨和论述，虽然其研究成果常有未尽之处，但是字里行间均充满了对构建和谐民族关系的祈愿，是今天研究相关问题的重要文献资料。

1949 年之后，在一系列民族政策的引导下，临夏地区的民族关系和宗教格局趋于稳定，逐渐形成了稳定、良性的社会局面，各民族群众实现了长期和谐共处，在此基础上，"求同"与"存异"成为维系民族关系和社会稳定的基础。

第二节　多元共生格局的形成

一、互嵌格局与共生格局

20世纪30年代，顾颉刚先生发表了题为《中华民族是一个》[①]的文章，认为近代的华夏文化可以分为汉、回、藏三大民族文化集团[②]，同时阐释了在这一文化内部不分彼此的共同体概念，这一观点形象地阐释了中华民族多元一体的互嵌格局。

基于各民族不同的文化形态，河湟社会文化形成了跨度较大的生态系统，游牧和农耕两种文化形态构成文化格局的两极，分散的工商业文化成为两极之间的桥梁，各民族之间的经济互补与文化共生构成了多层次的社会关系。

在河湟地区的文明史上，各民族之间的社会交往从未间断，血缘和文化上的融合贯穿其历史发展轨迹。

从历史情况看，传统文化从精神层面和物质层面丰富了河湟民族的整体风貌，促进了河湟文化多元性格的生成。

明清时期，河湟地区多民族互嵌格局的逐步形成对多民族共生社会的形成具有重要意义，其不仅是民族间在地理、政治、经济、社会等方面的互嵌，更是在文化、心理等精神层面深层次的交融。[③]总体而言，河湟多民族互嵌格局的形成并没有模糊各民族文化的个性和特质，也没有表现出大范围的文化同化现象，而是以不同民族交汇、以区域为辐射点，依据经济资源、商业脉络的流动形成分布有致，并且缓慢变化的文化地图。在长期共同生活中，文化主体的多元性和互动性被进一步增强，中华一体化思想得到了孕育和

---

① 原文见1939年2月13日《益世报·边疆周刊》第9期。
② 刘梦溪.1996.中国现代学术经典：顾颉刚卷.石家庄：河北教育出版社，773-785.
③ 李静，耿宇瀚.2021.明朝治边策略下的洮州地区民族互嵌格局.中国边疆史地研究，（3）：104-114.

弘扬，各民族的国家认同和文化认同被进一步巩固，
"你中有我，我中有你"的社会交往策略和心理结构被
进一步强化。

综上，文化的多样性构成了河湟文化的基本框架，
而族际互动、经济互补和文化共生则构成其发展的内
在动力和文化基调。在河湟地区，多元文化的向心力
与制衡力并存，呈现自然的开放性，故在观念上没有
"内"与"外"的差异，各民族之间文化的互鉴、生活
的依存关系十分显著。基于这种特殊关系，河湟地区
的社会文化不存在鲜明的等级层次，精英文化与大众
文化的分野亦十分模糊，是由三种具有不同功能的关
系纽带构成的，其中族群文化是各民族文化保持鲜明
个性的表征，商业文化是多民族文化实现交流与互动
的血液，而渗透在社会交往各个环节的艺术文化则成
为文化共享的媒介。从现实情况看，这种有机社会结
构产生了"共生与制衡"①的社会效应，其在很长的历
史时期内有效维持了河湟地域文化的多元性和稳定性，
并在长期发展中建构了河湟民族社会的精神文化谱系
与生活秩序。

二、多元文化与共同文化

河湟文化的形成基于分层的多元结构，包括民族
的多元、宗教的多元、价值观的多元以及生活方式的
多元。在现实社会中，多元文化并不具有普遍的模式，
文化的多元性从宏观的民族差异到微观的价值观差异
都可以体现②，并在具体的地域文化语境中呈现出特殊
性和差异性，此种差异性构成多民族文化间求同、存
异的内在张力。作为一种客观事实，多元文化的形成

---

① 张俊明，刘有安. 2013. 多民族杂居地区文化共生与制衡现象探
析——以河湟地区为例. 北方民族大学学报（哲学社会科学版），
（4）：26-31.
② 韩家炳. 2006. 多元文化、文化多元主义、多元文化主义辨析——以
美国为例. 史林，（5）：185-188.

基于民族文化间自然的选择与适应，反映了族群在经济和文化上的互补与依存关系。作为一种历史观，多元文化强调了文化多元的社会伦理和公共诉求，亦成为文化共生理论的价值基础。

显而易见的是，在缺乏某种适合的社会结构和活性机制的情况下，多样化的文化因素并不能融合成为多元的、共生的文化形态。事实证明，如果各文化之间缺乏合理的融合机制，其结果必然趋于同质化，而非多元化。同样，如果要做到文化的多元并存，则诸文化之间必须有适度的共生关系，其微观形态体现为不同层次、维度相互依存的关系，在宏观层面则体现为"求同存异"的文化精神在社会生活诸方面的表征。

与诸多理论构想不同，现实中的多元文化并不表现为文化之间的相习、改造或者融合，亦非生活习俗和精神信仰的同化，而是内在价值观的共同性。

在河湟文化中，这种共同性通过相互认同的文化习俗、文化传统得到确认，并以极具地域文化个性的文化景观、文化符号呈现，保证了河湟各民族文化的良性互动，使其在保持独特性的基础上实现活态的发展。各民族在文化习俗、文化符号、价值判断、审美情趣等层面的趋同性实现了文化的普遍性，其包容性缓和了族群文化之间的差异，建构了民族文化互动和沟通的桥梁。在此基础上，河湟地区的文化生产已经不是属于单个民族或者单个文化群体的活动，而成为一个地域文化共同体的自我完善和生产的过程。①

可以肯定的是，在大多数历史时期，河湟地区诸民族间均保持了合作和共生的关系，这种关系既表现为经济上的互惠互利，亦表现为文化上的互融共生。尽管历史上河湟地区的民族关系始终在曲折中演进，但是最终在多元共生的文化生态中趋于平衡和稳定。

① 赵世林．2002．论民族文化传承的本质．北京大学学报（哲学社会科学版），（3）：10-16.

在此过程中，起决定性作用的不仅是中央政权政治力量的巩固，亦来自中华传统文化逐渐强大的向心力和凝聚力。

第三节　河湟艺术文化的繁荣

一、多元的艺术文化基因

对一个地域社会体系而言，艺术形态常成为社会文化的重要表征，艺术文化对河湟地域文化特质的建构起到了重要的作用。河湟地区不仅以灿烂的史前彩陶文化遗迹闻名，亦以多元的活态艺术文化著称，丰富的手工技艺、建筑、服饰、音乐、舞蹈不仅营造出独特的地域文化景观，亦促进了各民族的文化认同与文化共享。基于民间艺术文化的非精英性质，这种文化共享成为族际文化互动和沟通的重要介质，并使多种民族文化基因得以跨民族、跨地域保持活态传承。

河湟地区的民族艺术传统源流复杂，基因多元，其既源于早期华夏文明绵延的文化基因传承，亦来自广阔历史时空中持续的文化传播。除特有的地理特征之外，河湟艺术生成于一个特殊的空间场域，其时空结构由频繁变迁的历史线索贯穿，由复杂的民族互动展开，生成于多元共生的生活世界。

河湟艺术文化的形成基于丰富的历史渊源，作为文化交流的重要媒介，其发展和传承机制体现了复杂的文化互动关系，其纷繁的现象则体现了多元的社会实践策略。从社会文化视角来看，河湟艺术文化具有三个显著的分层，其中民俗艺术是河湟艺术文化的背景和底层基础，手工艺文化体现了社会需求和生产形态，建筑与装饰艺术则构成了河湟地域文化景观最基本的视觉元素。不同层次的艺术文化对河湟地域文化的形成起到了显著的推动作用，丰富了河湟文化的精神特质。

作为河湟地区的原住民，氐羌民族在长期的生活和发展中保留了丰富的非物质文化遗产，古老的苯教、萨满教演化为民俗文化艺术，历经千年仍在河湟民间传承，成为河湟艺术文化的背景。时至今日，在青海海东市、黄南州，甘肃临夏回族自治州、甘南州、定西市、天水市、陇南市等地区，沿古代氐羌民族繁衍生息并最终内迁的路线仍保留了六月会、拉扎节、池哥昼等一系列原生、古朴的节庆习俗，是河湟民俗艺术文化的集中呈现。

元明清时期，随着多次大范围的民族迁移与聚合，沿丝绸之路传播的中亚、西亚艺术传统，随藏传佛教后弘期兴起的佛教艺术传统，由山西、江南移民带来的内地民俗艺术传统，先后融入河湟文化的血液，形成了当代河湟民间艺术的整体风貌。

元代以降，中亚、西亚手工艺传统随战争移民传入河湟地区，为河湟民族艺术带来了丝绸之路文化基因。从史籍记载来看，当代东乡族、保安族的先民主要为元代自中亚随军迁移而来的工匠群体，其中东乡族自称为撒尔塔①人的后裔，临夏回族自治州东乡县的许多地名常以东乡族先民的群落命名，如免古池（铁匠）、伊哈池（皮匠）、阿娄池（银匠）、坎迟池（碗匠）、托木池（工匠）、阿拉松池（编织匠）等地名仍保留了鲜明的手工艺内涵。时至今日，东乡族、保安族群众仍擅长各种手工技艺，拥有东乡族擀毡、保安腰刀等多项国家级非物质文化遗产，其传承的手工艺文化历久弥新。

自17世纪起，卫藏地区②的佛教艺术已经在充分吸收印度、尼泊尔艺术的基础上完成了本土化转型，体系化、规范化的佛教造型艺术开始借助格鲁派宗教

---

① 撒尔塔一词原意指商人，历史上的撒尔塔人由粟特人、古花剌子模人以及波斯人、阿拉伯人等融合形成。
② 指拉萨和日喀则地区。

文化的发展向河湟地区广泛传播。河湟藏传佛教艺术以擅长唐卡绘画和造像的青海热贡艺术为代表，其严谨华美的造型风格成为河湟宗教艺术的代表，富丽堂皇的色彩深刻影响了河湟民族艺术的审美习俗。热贡艺术有着悠久的历史，在隆务河流域的寺院和各民族村落中的传承绵延不断，当地的年都乎、吾屯等村落形成了以隆务寺为中心的画师群体，这些唐卡艺人的足迹遍布整个西藏地区乃至内地佛教寺院，留下了大量宝贵的艺术遗产。

　　建于18世纪初的甘肃拉卜楞寺是河湟藏传佛教艺术另一个重要的传承中心，作为藏传佛教格鲁派六大宗主寺之一，拉卜楞寺建立了完备的藏传佛教研习体系，亦传承了版刻、绘画、塑像、佛塔、木工、裁缝、金石等丰富的藏族工巧明[①]技艺，其与瞿昙寺、塔尔寺、隆务寺、禅定寺等河湟藏传佛教寺院的艺术文化相映生辉，共同推动河湟藏传佛教艺术进入全盛时期。

　　17～18世纪也是河湟新兴市民阶层和商业资产阶级萌芽的时期，持续数百年的大规模移民活动加速了河湟文化的近代化进程，成熟的工商业文化，先进的生产技术、行业制度不仅重塑了河湟地区的文化风貌，亦间接整合了社会文化结构，使河湟地区的物质文化和精神文化获得了同步推进。

　　同一时期，河湟本土建筑装饰行业迅速崛起，以古建筑营造技术闻名的甘肃永靖白塔寺木工往来于甘青地区，为各民族营造公私建筑，其影响力远远超越了其本身的行业范畴，在跨域的文化互动中成功塑造了河湟地区的城市文化景观。伴随着建筑行业的兴盛，内地的砖雕艺术也被移植到河湟地区，作为士商文化与民俗文化杂糅的装饰传统，砖雕低调奢华的美学质地很快受到各民族人士的青睐，并作为一种技艺、行业甚至文化符号在河湟地区生根，发展成为驰名中外的河州砖雕艺术。

---

① 即藏传佛教的工艺学传统。

清末至民国时期，繁荣的民族贸易进一步促成了河湟民族手工艺的兴盛，两个规模较大的手工艺中心随之产生，一为青海的鲁沙尔镇，二为甘肃的河州。当时河湟各地的乡镇手工艺行业极为发达，乡民多从事砖瓦、皮革、纺织、刺绣、砖木雕刻、金属加工等行业，以手工艺行业命名的村落数不胜数。

更为重要的是，伴随着商品贸易和文化交流，中华传统文化艺术开始被各民族广泛接受，成为具有高度凝聚力的文化符号，对民族地区的社会文化风尚构成了深刻的影响。清代以后，文人绘画、书法、文玩收藏成为河湟民间新兴的文化习俗，其所形成的社会文化氛围进一步促进了各民族的文化认同。

二、地域文化景观的形成

1992 年，联合国教科文组织正式将文化景观纳入《世界遗产名录》，成为继自然遗产、文化遗产、自然与文化双遗产之后的第四种遗产类型。自此，这一被探讨了近百年的地理文化概念开始被国内学术界视为一种新的文化系统，并将此研究与非物质文化遗产研究相结合。[①] 作为具有显性视觉特征的文化实体，文化景观由人的社会活动生成，处于生态系统与地理形貌之间的中间尺度，兼具经济、生态和美学价值。[②]

作为文化景观的重要组成部分，建筑艺术是特殊的文化符号体系，其被特定的文化环境和社会活动形塑生成多层次的文化意义。在河湟地区，风格各异但具有共同文化特征的民族建筑不仅成为多元共生的文化表征，亦成为传承非物质文化的重要载体。

在河湟地区，地理和文化的共同作用使建筑装饰

---

① 胡海胜，唐代剑．2006.文化景观研究回顾与展望．地理与地理信息科学，（5）：95-100.

② 肖笃宁，李秀珍．1997.当代景观生态学的进展和展望．地理科学，（4）：69-77.

丰富多样，因自然环境不同各具特色，西藏地区厚重的藏式碉楼，岷叠山区古朴的原色木屋，黄河两岸农区精致的木雕阁楼，河州街市中砖雕装饰的四合院民居，共同呈现了河湟民族建筑多元的人文性格。

19世纪的河州，商业文化的繁荣推动了社会文化的发展，随着民间资本竞争的加剧，差异化的经济特权使建筑等级的竞争性和僭越成为常态。作为文化权利和社会阶层的表征，河州公共建筑与私人园林的建设日趋兴盛，与此同时，多元的宗教文化在河州地区传播和聚焦，不断新建的宗教建筑激发了建筑装饰行业的活力，河湟地区的文化景观亦随之丰富和壮观。从永靖县古建筑艺人的口述史中可以得知，清末至民国时期的河湟各民族的宗教建筑多为永靖白塔寺汉族匠师营造，其格局、规制和装饰风格均以明清官式古建为基础，堪舆、选址、奠基等流程亦按照中华传统建筑习俗进行，仅在装饰图案和内容上有所区别，以示不同的文化特点。

在河湟宗教建筑中，拱北以其特殊的形制和装饰风格成为极具地方特色的地域文化景观。拱北是以先贤墓、纪念地为核心的园林建筑群，其规划格局趋于园林化和公共性，尤其重视艺术化的建筑装饰。

基于特殊的文化传统，拱北十分注重对中华传统文化特质和内涵的传承，其建筑装饰集合了中式古建筑的多种经典形制，同时巧妙地融入了河湟多民族文化元素，其环境幽雅、装饰华美，设计建造处处用心，工艺精湛细腻，整体风格大气内敛、端庄质朴，常成为地域建筑景观的点睛之笔。

就营造理念而言，拱北的建造注重文化内质的表达，表现出深刻的环境哲学和优良的生态理念。其建造过程常因陋就简、循序渐进，擅长合理利用特殊的地理环境和资源优势，形成了亲和自然、依势成境、道器相成的文化特质。同时，拱北的营造注重发挥多民族民间智慧，总体设计规划通常由各民族手工艺人共同完成，不同的审美习俗和文化旨趣在反复沟通中交融，这种多民族共创的过程使拱北充满了丰富新颖的文化创意，表现出鲜明的中华传统文化特质。时至今日，这种传承了多民族文化传统，具有鲜明地域特色的民族建筑已成为多民族共创的人文文化遗产。

三、艺术文化的创新与共享

艺术文化突出的文化传播功能以及文化基因载体价值对于河湟地域文化景观的形成具有直接的推动作用，也使多民族文化基因在河湟文化体系中得以流动和活态地传承。

手工艺是河湟社会重要的经济基础，河湟民间流行"四大匠"（铁、木、画、石）之说，河湟传统的建筑装饰行业更有回族的砖雕、汉族木雕、藏族彩绘之说，看似简单罗列的行业清单却蕴藏着丰富的历史信息和社会文化内涵。尽管艺术的需求者有民族宗教之别，但是其持有者和生产者常常超越民族和宗教的界限。

与此相应的是，作为艺术活动的行动者和实践者，各民族手工艺人表现出更密切的合作模式。在民间艺人的口述史中，清末至民国时期的河湟社会，藏族寺庙、汉族道观、回族的清真寺常常由回族砖雕艺人、藏族彩绘艺人、汉族古建艺人共同承建，对民间工匠而言，族群身份和宗教信仰并非天然的壁垒。在此过程中，多元的文化基因重构为创新的物质文化形式，不同的文化习俗、民间智慧共同塑造了特殊的地域文化景观，富有活力、求同存异的文化精神则成为地域文化共同发展的积极动力。与此同时，此种跨民族的营造传统亦促进了河湟手工艺行业之间的交流与发展，激励了民族民间文化的创新机制，为河湟多民族文化艺术的展示提供了平台，使多元艺术文化的成果在交流中创新发展（图1-1、图1-2）。

图1-1　临夏市榆巴巴拱北八卦亭砖雕基座

图1-2　临夏回族自治州东乡县沙沟门拱北彩绘照壁

在长期发展中，河湟民族建筑生动地呈现了多元文化传统特有的传承机制和实践策略，共同的审美情趣日益成为文化互动和沟通的桥梁，使社会交往规则变得简单易行。在此过程中，多元的思维方式、知识体系借助艺术文化的转译和传播变得顺畅，丰富的非物质文化在不同的族群间漂移，不同的族群、身份、阶层充分共享被艺术化的策略和实践，也推动了河湟地区多民族共生、共创的文化精神的形成。

　　尽管多元的生活习俗并存，但是河湟艺术始终以中华民族传统文化为价值核心，传达出鲜明的审美趋同性。在此意义上，河湟艺术文化是以中华民族文化为母体、融入多元的审美特质和审美实践。作为被各民族共享的文化形式，河湟艺术文化对多民族社会的文化认同起到了重要的建构作用，丰富的艺术遗产和活态的艺术形式成为各民族共享的文化成果。

第二章
文明的传播、对话与整合

第一节　宗教文化与人文文化背景

一、苏菲文化的起源与传播

　　作为宗教的苏菲派①是伊斯兰教神秘主义派别的总称，也是广泛分布于世界各地的伊斯兰教派，作为文化现象的苏菲主义（Sufism，Tasawwuf）是欧美学者对伊斯兰神秘主义文化的称谓。②历史上的苏菲学者和修行者在神学、哲学、文学、艺术等方面广泛的建树使"苏菲"一词不仅指涉宗教，也代表一种多元而深邃的文化传统。

---

① 苏菲一词在宗教界有多种解释，学术界一般认为它系阿拉伯语音译，意思是羊毛织的衣服，因信奉者身穿羊毛褐衫而得名，亦象征虔诚的信仰和生活上的安贫质朴。又有源自阿拉伯语 Safa，意为心灵洁净和行为纯正之说，亦有源于阿拉伯语 Suffah，意为"苏法"部落的人之说，还有学者认为其与希腊语 Sofia（智慧）一词有关。
② 1821 年，由法国学者托洛克首先提出，转引自陈德成 . 1996. 论苏菲主义的思想渊源 . 中央民族大学学报，（2）：36-44。亦有学者主张用阿拉伯语 Tasawwuf 转译成"苏菲行知"一词表征苏菲文化，参见马效佩 . 2009. 圣训与苏菲行知的关系研究 . 北方民族大学学报（哲学社会科学版），（1）：113-120.﹅

早期的苏菲并不是一个教派，而是苏菲修行者分散的信仰实践活动。他们把苦行和禁欲作为修行方法，致力于身体和心灵的神秘主义实践，宗旨仅限于用虔诚的宗教情感对抗浮华的生活态度，其特立独行的行为和神秘主义理论曾饱受正统派的争议，故直至 10 世纪才被纳入正统伊斯兰教派体系。①

苏菲思想体系在发展过程中融入或受到了诸多文化的启示。早期的苏菲派曾以禁欲主义著称，阿拔斯王朝时期，随着翻译运动的兴起，古希腊、波斯、印度的各种哲学思想渗入伊斯兰教，其中新柏拉图主义（Neo-Platonism）②和印度瑜伽派的修行理论对苏菲神秘主义的形成产生了很大影响。③

基于文明的传播和流动，苏菲文化的形成基于多地域、多民族文化之间复杂的互动关系，正是这种跨域的沟通实践和文化流变构成了苏菲文化的特征和思想特质。

二、河湟地域文化与丝路文明的交融

在河湟地区，苏菲是一种具有广泛群众基础的、极具地域特色的文化传统，其在中国西北多民族地区的发展不仅体现了多元文化互融共生的现实样态，亦体现了文明之间交流互动的历史形态与深层的文化同构。

中国的伊斯兰文化与不同时代东西方文化交流密切相关，是丝路文明交流、对话与整合的产物。由于地理位置和文化环境的作用，基于汉语言文化传统的苏菲学派在河湟伊斯兰文化中具有很大的影响力，其传播与发展对河湟地域文化格局构成了重要影响，基于多源头的文化传承，其内部亦存在一定文化差异，

---

① 伊斯兰教权威教法学家安萨里（al-Ghazzali，1058～1111 年）于 10 世纪将苏菲主义纳入正统教派体系。

② 罗马帝国衰落时期重要的哲学流派，核心人物为普罗提诺（Plotinus，205～270 年），具有浓厚神秘主义色彩，曾对欧洲中世纪基督教神学产生重要影响。

③ 中国伊斯兰百科全书编辑委员会.2007.中国伊斯兰百科全书.成都：四川辞书出版社，257.

形成了极为多元的文化样貌。

苏菲文化在内地的传播始于宋代，北京牛街礼拜寺的两位"筛海"（阿拉伯语 Shaykh，现译为"谢赫"）坟和扬州普哈丁墓（初建于 13 世纪）的墓主人均被认为是南宋时期的苏菲学者，当地民间亦流传苏菲文化气息浓厚的传说。

15 ～ 16 世纪，域外苏菲主义的传播达到极盛阶段，其影响也逐渐波及中国。元代史籍中关于答失蛮（波斯语 dashmand）以及迭里威失（波斯语 darwish）的记载证明了苏菲在内地活动的史实①。元代称色目人中的伊斯兰教士和经师为"答失蛮"，他们属于合法的伊斯兰教神职人员，可享受免除赋役的特权。与答失蛮相比，元代传入中国的苏菲多为分散云游或乞讨的修行者，保持了早期苏菲的行为特质，并未形成规模化的修道团体，这些苏菲修行者在《元典章》中被称为迭里威失（波斯语原意"修行者""苦修者"）。②

明代伊斯兰教经堂教育的普及使苏菲理论以体系化、正统化的形象出现，并与内地伊斯兰文化产生了实质的接触，苏菲神学著作开始成为经堂教育的读本。关于明末清初苏菲文化传播的记载多见于赵灿《经学系传谱》（成书于清康熙年间），该书记录了明代苏菲传教士与国内伊斯兰学者的交流，从时代背景看，这种情形应与同时期中亚苏菲教团的形成与规模化传播密切相关。

明末清初，苏菲文化从多个方向传入中国，在此后的发展中，中国的苏菲教团因传承族系、地域分布的不同产生了分化。③

明清时期内地伊斯兰文化翻译运动（伊儒会通）的兴起蕴含浓厚的苏菲思想，体现了伊斯兰文明与中华文明的深度交流对话。值得考辨的是，如果基于这个趋

---

① （元）拜柱等 . 1998. 大元圣政国朝典章 . 北京：中国广播电视出版社，632.

② 李维建，马景 . 2011. 甘肃临夏门宦调查 . 北京：中国社会科学出版社，8-11.

③ 王建平 . 1999. 波斯苏菲与中国塔利格的历史联系 . 回族研究，（4）：70-75.

势，苏菲文化在内地应该有更好的发展环境，但是其最终在西北河湟地区落地生根显然具有深刻的文化原因。

苏菲主义在河湟地区的传播由不同的历史机遇造就，但是总体上符合近代世界伊斯兰文化传播的方向与时间节点。基于特殊的地缘文化，河湟地区苏菲文化的传播受到了来自新疆和内地两个方向的影响。从历史情况来看，河湟苏菲文化表现出鲜明的文化交融特征，既延续了浓厚的中国传统文化内涵，亦吸收了诸多中亚苏菲文化的特征，这种具有多元特质的文化很快嵌入河湟社会并赢得了普遍的群众基础。

苏菲派在河湟地区的生根和发展并不完全是文化传播的历史机缘，更与特殊的地缘文化环境存在密切关联，属于内生性的文化增殖。也可以认为，苏菲思想在西北多民族地区找到了更适合自身发展的经济环境与文化土壤，多民族文化共生的社会形态使苏菲文化有了充分的发展空间和经济环境。

第二节 "门宦"与苏菲文化的在地化

从明末清初开始，中国西北地区伊斯兰文化与阿拉伯世界之间的联系逐渐频繁。清康熙二十三年（1684年），清政府统一台湾的次年开放海禁，内地的穆斯林得以由海路赴阿拉伯朝觐，其中一些学者在阿拉伯地区接受了苏菲派宗教理论。同一时期，河湟地区伊斯兰学者亦沿陆上丝绸之路远赴中国新疆和中亚、西亚地区的苏菲道堂学习。随着个人影响力的逐渐扩大，逐步形成了中国化的苏菲文化团体。

在西北地区的民间，苏菲派并不如"门宦"这一称呼更为人所知，其作为词汇最早出现于清中期的中国地方文献中①，在民间一般被理解为"门唤"。这一形

---

① 据马通先生考证，"门宦"一词始见于光绪二十三年（1897年）三月，河州知州杨增新的《呈请裁革教门宦》一文中。参见马通. 2000. 中国伊斯兰教派与门宦制度史略. 银川：宁夏人民出版社，75.

成于清代的词语虽然来源不明，但是显然具有复合的二元文化内涵，即综合了伊斯兰教苏菲教团的文化特征和中国传统的宗族文化特征，故这一词语本身即暗喻了其中华文化特质。①

苏菲门宦的文化具有诸多中华文化特点，尤其重视对道乘②的实践，其文化习俗更为多元。

"道乘"是苏菲派宗教理论和修行方式的核心，具体表现为坐静、苦行、念诵迪克尔（al-dhikr，赞词）等苏菲派特有的宗教功课，这一特征表明了苏菲文化成功嵌入中国传统文化，并在地化发展的客观事实。

从学派和传承来看，自清中期开始形成的苏菲门宦由四个苏菲学派构成，分别是虎夫耶、哲赫忍耶、嘎德忍耶、库布忍耶，其中，虎夫耶、哲赫忍耶两个学派来源于中亚的纳格什班迪教团（al-Naqshibandi），嘎德忍耶学派来源于卡迪里教团（al-Qadiriyyah），库布忍耶学派来源于库布拉维教团（al-Kubrawiyyah），民间习惯上将这四个学派称作"四大门宦"。

17～18世纪是临夏地区苏菲派门宦的形成时期，涌现了许多卓有成就的苏菲学者，他们广泛的社会活动对近代甘青川地区民族文化的样貌产生了重要影响。顾颉刚在《西北考察日记》中曾详细描述临夏的苏菲门宦。③

此外，元明清时期定居或殁于甘青地区的西亚、

① 在中国宗教学术界，不同时期的学者曾基于不同的关注点和立场给予其不同定义，但共同的看法是门宦与门宦制度并不能等同起来。"门宦"一词指修道团体，是中国化的苏菲教团的名称，而门宦制度则是一种宗教制度，是伊斯兰苏菲教团分支在中国西北地区经济文化环境中形成的特殊组织形式。

② 明清时期的中国穆斯林学者根据中国文化语境分别将Shariah、Tariqah、Haqiqah等苏菲理论词汇转译作"教乘""道乘""真乘"三个境界。"教乘"指伊斯兰教的基本宗教义务和功修，"道乘"主要指苏菲派特有的静修、参悟等神秘主义修行活动。

③ 中国人民政治协商会议甘肃省委员会文史资料研究委员会编．1988．甘肃文史资料选辑第28辑·甘青闻见记·西北考察日记．兰州：甘肃人民出版社，93.

中亚苏菲传教士人数较多，有些传教士定居后与各族群众通婚而形成了多个宗族，并逐渐分化或融入甘青地区各个民族。

第三节 "伊儒会通"与苏菲理论的本土化

学术界多将"以儒诠经"运动作为中国伊斯兰文化本土化的标志，基于 13 世纪以来苏菲思想传播对于近代中国伊斯兰文化的深远影响，关于中伊文明的交流与互动常被置于历史视野下进行研讨，相关论辩至今未绝。被普遍认可的事实是，苏菲文化对两种文明在神学、哲学本体论层面的互译、知识体系的互通起到了重要的推动作用，其丰富的哲学性和思辨性融通了两种文明的思维特质，使中国伊斯兰教在语言文化层面创制了丰富的本土化能指，形成了中国伊斯兰文化的宏观风貌和中国化的知识背景。

从历史情况看，河湟苏菲门宦浓厚的中国传统文化特质源于近古中国伊斯兰教学者"伊儒会通"奠定的基础，其语言文化特点相对稳定地保留至今。明清时期，以陕西学派、金陵学派、云南学派、山东学派[①]为代表的内地伊斯兰教学者普遍结合儒家、道家理论和汉语词汇转译伊斯兰教经典，形成了文明"互融互通"的实践路径，其"中伊交融"的文本创造更成为中国伊斯兰教最显著的本土化标志。

明代陈思的《来复铭》[②]是用伊斯兰教教义学观点与宋明理学交融阐发教义的著述，其成为中国明清时

---

① 陕西学派的创始人胡登洲（1522～1597 年），明代陕西伊斯兰学者，中国伊斯兰教经堂教育的开创者。山东学派以常志美（1610～？）为代表，金陵学派以王岱舆（1584～1670 年）、刘智（1669～1764 年）为代表，云南学派以马注（1640～1711 年）、马复初（1791～1872 年）为代表。

② 明嘉靖七年（1528 年）山东济南清真南大寺刻石。

期伊－儒文化交融研究的滥觞。清初《昭元秘诀》[①]等苏菲著作的汉译对中国伊斯兰教苏菲理论构成了实质影响，此后内地的伊斯兰教学著述，如刘智的《天方性理》、王岱舆的《清真大学》《正教真诠》、马注的《清真指南》、马复初的《道行究竟》等均被认为与《昭元秘诀》有密切的关系，可视为内地苏菲语言文化和神学理论的基础。

此外，宋代理学家周敦颐（1017～1073年）《太极图说》中的哲学理念、理论模式被学者广泛借鉴，对伊斯兰教哲学思想中国化起到了重要的推动作用。在此基础上，金陵学派的学者进一步推进了伊斯兰教理论的中国化阐释，其中刘智借鉴"太极图"和《太极图说》的理论图式，绘制了阐发伊斯兰宇宙观和人生观的"天方性理图"，并运用《周易》、《中庸》、阴阳五行说及宋明理学观念阐述伊斯兰教教理和苏菲学说。[②]关于苏菲派理论所倡导的教法三乘，刘智在《天方典礼择要解·原教篇》中做了详细解释：

> 乘，载也，载诸法义，以备求道者次第取法也。初曰礼乘，总载天道人道，一切事功之条例，此勤德敬业者所取法也。进曰道乘，总载人理物理，尽人合天之法程，此穷理尽性者所取法也。终曰理乘，又名真乘，总载无我无物，天人一致之微言，此克己完真者所取法也。勤德敬业，所以修身也。穷性尽性，所以明心也。克己完真，所以见性也。身不修，不可以明心，心不明，不可以见性；性不见，不可以合天。性之不可见，己私之蔽也。三乘之法，己私之砺也。三乘之上，更有超乘一法，则天人化矣，名迹泯矣，非语言

---

① （清）舍起灵（1638～1703年）译，原著 Ashiaat al Lamaat 为波斯苏菲诗人贾米（1414～1492年）所著，系有关伊本·阿拉比（Ibn Arabi，1165～1240年）苏菲神学思想的论著。

② 马廷义 . 2017.《太极图说》思想在清代伊斯兰哲学中的运用 . 原道，（1）：55-70.

文字可传，待其人之自会而已。①

此外，近代中国伊斯兰教三大派别之一的"西道堂"②教派（被称作中国伊斯兰教的汉学派）的创立亦是这一文化运动在西北地区的回应，河湟苏菲门宦亦广泛传承了这种文化转译方式。从实际情况看，各门宦用来传播学理的宗教词汇亦多来源于以上学者的译著和理论著述。

从实际情况来看，以儒诠经运动的成果并未局限于对两种文明理念的互释，而是达成了文化的互动和适应，并建构了中国伊斯兰教"中伊交融"的二元知识基础。以语言文化为纽带，中国苏菲文化实现了与中国传统文化的有机关联，其不仅继承了伊斯兰教"汉学派"的诸多术语、概念，亦继承了内地伊斯兰文化对于中国传统社会伦理以及文化制度的认同感。

伊斯兰文化的中国化问题始终是历代中国宗教学者的关注点，刘智在《天方性理》自序中明确地说："天方之经，大同孔孟之旨也。"表达出伊斯兰文化明确的本土化意向。当代的宗教学者也多致力于研究中国伊斯兰教与中国本土文化之间的融合机制，如陈垣先生的伊斯兰教"华化"③说以及马平先生的"文化借壳"观点，这些观点认为文化的相互渗透性是人类社会发展过程中无法消除的规律。④金宜久先生进一步认为，现实生活的事例表明，伊斯兰教在不同地区的传播已经实现了它的地方化和民族化。⑤

---

① 转引自（清）刘智 . 1990. 天方典礼 . 纳文波译注 . 昆明：云南民族出版社，24.

② 中国伊斯兰教的汉学派，创始人为甘肃临潭人马启西（？～1917年）字慈祥，号公惠，经名叶海亚，道号西极园。

③ 相关论述参见陈垣 . 2000. 元西域人华化考 . 上海：上海古籍出版社 .

④ 转引自马平 . 2007. "文化借壳"：伊斯兰文化与中国传统文化有机结合的手段——关于嘎德忍耶门宦九彩坪道堂的田野考察 . 西北第二民族学院学报（哲学社会科学版），（4）：5-10.

⑤ 金宜久 . 1995. 伊斯兰教在中国的地方化和民族化 . 世界宗教研究，（1）：1-8.

与内地伊斯兰教相比，中亚苏菲教团的文化传播造就了河湟苏菲派特立独行的多元特质以及繁杂的道统谱系，但是其中国文化根脉仍深刻而显著。各苏菲门宦多用典雅细腻的汉语文辞写作道统史和其他宗教文本，古典文化气质卓然，在河湟地区的多民族语言环境中，这种文风更凸显出鲜明的中华传统文化特色。

以嘎德忍耶学派为例，大拱北门宦是有"出家人"制度的苏菲门宦，并由于隐秘的、禁欲主义的修行方式而被汉族民间称作"清真道士"。大拱北门宦将创始人尊称为"道祖"，将本门宦的历史称作"道统史"。宗教理论以"定性复命"和"修身养性"为核心，认为"道中有教"，而要获得"道"只有出家苦修才能彻悟玄机。可以看到，尽管其谱系结构、神学理念、修炼方式多源于域外苏菲教团的传承，但是语言符号体系已经建立在深厚的中华传统知识体系之上，表现出易学、儒学、理学特有的思维方式和精神特质，其他河湟苏菲门宦的宗教文化亦不同程度地具有这种二元文化特点。

近代内地的伊斯兰文化多以"伊里汉表"的外貌出现，但河湟苏菲文化无疑表现出更鲜明的文化互融特征，并实践了文化传统的在地转化，这种实践既延续了明清时期伊斯兰文化与中国本土文化的整合[①]倾向，亦在特定的文化语境中重构了苏菲主义的本原精神和实践特质。

作为文明交流与对话的成果，中国苏菲在文化内质、文化习俗等方面已经表现出鲜明的本土化特征展示了世界范围内文化传播、发展、相互渗透、多元并存的普遍实践与合理性。

---

① 张宗奇. 2006. 伊斯兰文化与中国本土文化的整合. 北京：东方出版社，109-113.

第三章
拱北的历史与现状

第一节　拱北溯源

一、拱北的定义与内涵

有学者言："伊斯兰建筑是深嵌在时代文化框架中，包含着深刻历史与哲学的艺术，是伊斯兰文明的独特表达。"[①]拱北是以苏菲派宗教先贤墓或修行地为中心建设的园林建筑群，主要分布于中国西北的甘宁青地区。明清时期，苏菲主义文化在西北地区的广泛传播形成了数量众多的拱北建筑群，这些拱北具有鲜明的中国本土文化特征，成为集宗教、民俗、艺术于一体的地域人文景观（图 3-1）。

"拱北"一词源于阿拉伯语 Qubbah，或者波斯语 Gumbez 的音译。中亚、波斯及中国新疆地区的类似建筑称作"麻札"（Mazar），意为"先贤陵墓"或者"圣徒陵墓"。从历史情况看，宗教先贤的陵墓建筑在世界各大文明和宗教建筑体系中占有显著的位置，也是伊斯兰教传统建筑十分重要的组成部分。在内地，穆

---

① 张顺尧 . 2007. 甘肃伊斯兰教建筑的演变 . 同济大学硕士学位论文，8.

斯林先贤的墓葬建筑古已有之，如广州宛嘎斯墓、泉州灵山圣墓、扬州普哈丁墓、北京牛街礼拜寺的筛海坟等，其形制相对简朴。基于特殊的历史文化传统，营造圣墓在我国新疆地区亦十分盛行，如阿帕霍加麻扎[①]、黑孜尔霍加麻扎[②]、毛拉·额什丁和卓麻扎[③]、吐峪沟麻扎等，其建筑规格、装饰形制不一，均具有浓厚的中亚、西亚建筑风格。

拱北既是宗教理念的物质化表达，也是其文化传统得以传承和传播的文化场域中心。

有学者认为，作为纪念性建筑的拱北与"坟墓"具有不同的文化心理内涵，其并不意味着"生者"与"死者"的关系，而是基于对宗教先贤品格的追随，以求自身道德境界的提升[④]，故在先贤的墓前沉思参悟，寻求灵感和启迪，进行宗教功修更符合其内在的意义。

图3-1　临夏市榆巴巴拱北

除供宗教职业者修行之外，拱北中常定期举行集体性的宗教文化活动，主要包括历代当家人或宗教先贤的纪念日，日常活动也包括信教群众的婚丧等生活仪式，以满足其祈福、禳灾等精神诉求，这些活动被统称作"尔麦里"（amal）。

二、拱北的起源与类型

明清时期的河湟地区已经形成多民族互嵌、多元文化共生的社会格局，多民族间的互动伴随经济交往日趋频繁，多元民族文化开始相互渗透。与此同时，清初海禁的开放使中亚、西亚和阿拉伯半岛的伊斯兰

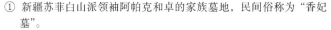

① 新疆苏菲白山派领袖阿帕克和卓的家族墓地，民间俗称为"香妃墓"。
② 亦称黑地尔火者麻扎，为皈依伊斯兰教的蒙古贵族东察合台汗国大汗黑地尔火夫妻墓。
③ 14世纪中国新疆伊斯兰教苏菲派宣教士毛拉·额什丁和卓陵墓。
④ 周传斌. 民间层次上的回汉文化对话——宁南山区拱北信仰的人类学分析 // 苏发祥，祁进玉，张亚辉. 2012. 西部民族走廊研究——文明、宗教与族群关系. 北京：学苑出版社，365-366.

文明重新与中华文明产生了接触，长期封闭的河湟伊斯兰文化随之活跃。

在这种时代背景下，伊斯兰社区经济的发展促进了物质需求和文化需求的增长，"大分散、小聚居"的格局无疑成为特立独行的苏菲教团发展的土壤，故河湟苏菲派的诸多宗教先贤均出现于这一时期，他们的活动成为河湟苏菲文化叙事的核心内容，亦奠定了拱北发展的文化基础。与元明时期零散修建的穆斯林先贤墓不同的是，清代修建的拱北逐渐形成道统谱系，并成为河湟民间社会物质文化与精神文化增长的表征。

根据史料和建筑遗存分析，拱北特有的建筑形制大致形成于清代中后期的临夏地区，这种建筑风格以明清传统古建为基础形制，大量吸收了河湟多民族建筑的文化元素，对于河湟建筑装饰艺术的发展产生了重要的影响，并在其后的发展中影响了近代河湟近代民族建筑的整体风格。时至今日，河湟地区的拱北仍以临夏回族自治州各地数量最多，规模最大，装饰最为华美，体现了河湟民间古典建筑工艺的最高水准。

从历史遗存来看，河湟地区的拱北大致可以分为两种类型：一是明清时期中亚、西亚传教士或苏菲修道士的纪念冢、修行地；二是清代以来各门宦创始人、当家人的墓园，周传斌教授将这两种类型分别称作"传说型"和"实人型"。①

如果按照来源分析，河湟地区的拱北可以细分为以下几种类型。

（1）古代苏菲传教士和修行者的墓园。如东乡县的大湾头拱北、沙沟门拱北，临夏市的井口拱北、太太拱北，康乐县的湾儿拱北。

---

① 周传斌. 民间层次上的回汉文化对话——宁南山区拱北信仰的人类学分析 // 苏发祥，祁进玉，张亚辉. 2012. 西部民族走廊研究——文明、宗教与族群关系. 北京：学苑出版社，365-366.

（2）各苏菲派门宦创始人、历任教长当家人的墓园。如临夏市的大拱北、国拱北、台子拱北、毕家场拱北、太爸爸拱北，广河县的胡门拱北，临洮县的穆扶提东拱北，康乐县的穆扶提西拱北，积石山县的高赵家拱北，兰州市的灵明堂拱北。

（3）传说中宗教先贤的纪念地，如临夏市的川心拱北，青海的岩古鹿拱北。

（4）宗教先贤的静修地，如临夏市的街子索麻（静室）拱北、鱼池滩索麻拱北，东乡县的石峡口拱北。

（5）著名历史人物或有威望的宗教学者的墓园，如临夏县的明德拱北。

大型拱北建筑群以临夏地区最为集中，常代表重要的学派和宗族，或具有重要的历史渊源，多有体系化的道统传承，其信众较多，下属的拱北常跨境分布在西部各省区。相对而言，小型的拱北多为大门宦的分支或"古土布"拱北，信众主要为周边区域的信教群众。

在河湟地区回族、东乡族群众的口传史中，唐代即有"十大上人"在河州传教，元明时期更有来自中亚、西亚和阿拉伯半岛的四十位古土布[1]在河州地区分散并各自传播宗教道统，临夏回族自治州文史资料中收录了以下内容：

> 大约在元末明初之际，四十个"费格勒"（传教士）到甘肃临夏地区传播伊斯兰教，先到和政东南门外举行了荒郊祈祷仪式，接着又到东乡祈祷，然后分散到各地传教。四十位古土布中，有十四人葬于东乡族自治县境内，十人葬于临夏市、广河、和政及康乐、临夏县等地。[2]

---

[1] 阿拉伯语"Qutb"的音译，原意为"轴心"，在苏菲派理论中指具有高品级的宗教导师。

[2]《临夏回族自治州概况》编写组. 1986. 临夏回族自治州概况. 兰州：甘肃民族出版社，75-82.

这些苏菲传教士归真（去世）后，当地各族百姓在他们的墓地、修行地或显示过宗教奇迹的地点修建拱北，成为被民间纪念和奉祀的对象，他们形形色色的传说演变为经典的故事母题，并在其后的传播中融入河湟多民族民间文学体系之中，比较典型的例子有东乡县广为流传的哈木则和安巴斯传教的故事。

在甘、宁、青三省（区）的多民族聚居区，此类传说型的古土布拱北分布极多，确证了元代以来苏菲传教士在西北民族地区广泛的活动。需要注意的是，这些拱北起初多为周边群众集资修建，与门宦制度无关，亦没有明确的教派归属，但是在其后的发展中或依附于某个门宦，或墓主被归入某一学派。时至今日，许多古土布拱北仍没有传教人，仅有守墓人看护并接受信徒的零星祭祀，具有显著的民俗信仰特征，各民族群众共祀的情况亦十分常见。[①]亦有一些苏菲道堂的拱北也保留了这种质朴的形态。

清中期之后，随着门宦制度的建立，河州各苏菲门宦开始大规模修建拱北，其中以嘎德忍耶门宦和虎夫耶门宦的拱北最多，这些拱北的墓主多为门宦创始人、教长、传承人、当家人，并由于所属门宦影响力较大、教众较多、经济实力较强而形成宏大的规模。

清末至民国时期，由于日趋复杂的继承关系，较大的苏菲门宦分化出诸多支系，每一支系均通过修建拱北传播道统、扩大社会影响力，故大门宦常常下辖几个至几十个拱北，例如大拱北所属的小型拱北有几十处之多，并且跨境分布在陕西西乡、四川阆中和汶川等地。在此过程中，拱北逐渐成为苏菲学派经济实力、文化特质和社会影响力的表征。

---

① 丁明俊. 2017. 拱北、穆勒什德与苏菲门宦道统传承. 北方民族大学学报（哲学社会科学版），（1）：98-99.

第二节 历史资料考释

一、民国文献中的临夏拱北

民国文献中有一些关于拱北建筑及临夏苏菲派门宦的记述，这些文献对于此项研究有重要的参考价值，兹摘录一些重要资料加以分析。

根据1943年的一份统计数据，甘肃省境内共有拱北78处，其中临夏、宁定、永靖、和政、康乐等五县共31处。[①]临夏学者马兹廓（1914～1995年）在1949年的《西北世纪》上发表了《临夏拱北溯源》一文，常被当代学者引用，是研究民国时期临夏拱北最为翔实的资料，以下为文中综述部分。

> 临夏为西北回教之中心地，于明末清初之际，尝出贤人，后人为使永久纪念藉便举行教义计，特为先贤修建陵寝，称之曰"拱北"。临夏之拱北，普遍以派别关系，称为门宦，共计约有二三十处。临夏最著名之四大门宦，系指大拱北（为嘎的忍耶派）、华寺拱北、临洮拱北、毕家场拱北（以上三拱北均属虎非耶派），其余尚有七门八户（太爸爸拱北、毛牛太爷拱北、兰州拱北、刘海仔来提拱北、穆扶提拱北、银匠太爷拱北等，八户已无从考查），少数亦建有拱北。民国十七年（1928年）之变，各拱北悉遭兵燹。[②]

1937年，顾颉刚、王树民等受中英庚款董事会的委托赴西北考察，于7月16～21日在临夏停留，分

① 现临夏、宁定（广河）、永靖、和政、康乐五县均属临夏回族自治州管辖，其中康乐县虽然故为临洮县属，但居民多为回族。转引自甘肃省图书馆书目参考部.1984.西北民族宗教史料文摘（甘肃分册）·查甘肃省回教寺院拱北教派及信徒数目表（1943年调）.甘肃省图书馆藏，455-459.

② 马兹廓.1984.临夏拱北溯源//甘肃省图书馆书目参考部.西北民族宗教史料文摘（甘肃分册）.甘肃省图书馆藏，460.

别记述了当时的所见所闻，其中对于临夏的拱北有较详细的记述，下面这段文字来自顾颉刚先生的《西北考察日记》。

> 十八日（1937年7月18日）……先生名世俊①，清举人，今甘肃省政府委员，回教中之耆宿也，年七十余矣。遂由喇先生导游城角寺。继由保长马成元君导至大拱拜、台子拱拜、大拱拜私立小学、华寺、毕家场寺等处。拱拜者，阿拉伯语，回教中先贤之墓也。②

顾颉刚此次游临夏拱北是1928年战乱之后十年，但是文中"亦皆以乱事残破"一句比较确切地描述了当时临夏各拱北的情况，其中的细节描述十分耐人寻味。

同一天，王树民亦作日记一篇，较顾颉刚所述更为翔实，其中对于当时临夏各门宦的道统史亦有较多记述，兹摘录如下：

> "拱拜"为天方语，即有宗教地位者之坟墓也，建立拱拜者在教中即自成一系统，称为"门宦"。明、清之际，河州一带其风颇为盛行，故向有"八大门宦"之称，即：张门，毕家场，大拱拜，白庄，巴索池，宏门，华寺与穆扶提。张门为建教最早者，约在明初。其拱拜在河州东乡距城八十里之大湾头，在赴兰州大路上。毕家场出于张门，今寺内有乾隆二十七年门下弟子公立之"德教碑记"。……大拱拜为现有教民最多之门宦，如城角寺即属之也。始祖姓祁，名新月③，河

---

① 喇世俊（1865～1946年），字秀珊，回族，临夏市喇家巷人，光绪十九年（1893年）恩科举人，清末民初临夏著名穆斯林贤达人士，曾在京参与"公车上书"。

② 中国人民政治协商会议甘肃省委员会文史资料研究委员会编. 1988. 甘肃文史资料选辑·第28辑·甘青闻见记·西北考察日记. 兰州：甘肃人民出版社，93.

③ 祁静一道号"希拉伦丁"，为阿拉伯语新月之意。

州人，生于清顺治年间，拜师于四川保宁府，其拱拜约建于康熙年间。台子拱拜为大拱拜之分支，属于同一门宦……国拱拜之始祖姓陈，因清代康熙年间曾有功于"国"而得名，其修建与大拱拜略同时。[①]

顾颉刚在 1937 年旅经康乐县时，与当时的穆扶提门宦宗教人士的交往记录有重要的史料价值，现摘录如下：

> 子龄名延寿，其弟子谦名益寿，并俊雅。年来回教人士颇有觉悟，自办学校诵习汉文，子龄且以汉文秘译各种天方经典，并有译成后即改诵汉文经典之拟议，回汉感情并臻融洽，地方公务达到合作地步，可喜也……[②]

上述记载中关于颂习汉文和汉译经典的描述符合穆扶提门宦注重汉文化传统的道统。

二、拱北图像资料考释

明清时期修建的临夏拱北多于 1928 年的河湟事变中被毁，虽然于 20 世纪 30 ～ 40 年代先后修复，其后又于 20 世纪 60 年代拆除，现有的拱北多为 20 世纪 80 年代以后根据各门宦人士的回忆重建。由于民国时期照相技术在西北地区的普及程度有限，故由本地人拍摄的相关照片资料较为鲜见。

21 世纪以来，国内外陆续发现清末至民国时期河湟地区的老照片，其中 20 世纪 30 ～ 40 年代在中国生活的几位基督教传教士所拍摄的拱北照片成为此项研

① 中国人民政治协商会议甘肃省委员会文史资料研究委员会编 . 1988. 甘肃文史资料选辑·第 28 辑·甘青闻见记·河州日记 . 兰州：甘肃人民出版社，43.

② 中国人民政治协商会议甘肃省委员会文史资料研究委员会编 . 1988. 甘肃文史资料选辑·第 28 辑·甘青闻见记·西北考察日记 . 兰州：甘肃人民出版社，43.

究的重要资料。

（一）毕敬士照片资料

美国传教士克劳德·毕敬士（Claude L. Pickens，1900～1985年）夫妇和塞缪尔·兹威默博士（Dr. Samuel Zwemer）[1]在20世纪30年代曾经对中国各个地区的伊斯兰教状况及穆斯林生活做过详细的调查，留下了数千张珍贵的资料照片，从扬州的普哈丁墓一直到甘宁青地区大量的清真寺和拱北建筑均有翔实的反映。

其中在甘肃境内拍摄的照片中，笔者发现了几幅极有史料价值的资料，现逐一加以考证和分析。[2]兹威默博士于1933年7月14～15日访问了临夏并参观了南郊的八坊，当地最大的清真寺，两个苏菲派拱北。[3]毕敬士则在1933年和1936年对中国的西北、华北、华中地区的穆斯林聚集区进行了一次历时长久的考察及传教，并拍摄了大量的照片，这些老照片是研究20世纪30年代中国西北地区社会和人文景观的珍贵资料。

毕敬士在宁夏拍摄的这些被其称作"蜂窝拱北"的墓葬十分简朴，墓庐为尖拱形状，类似新疆地区麻扎的形状（图3-2）。其前方建有小型的带有拱门的牌坊门，类似汉族民间祭祀建筑，体量较小，结构简朴，应为早期拱北的形制之一。

---

① 毕敬士夫妇曾是"内地传教会"的基督教传教士，兹威默博士是其岳父，毕敬士逝世前将这些有关中国伊斯兰文化和历史的老照片捐赠给了哈佛大学，目前这些照片在哈佛大学的图书馆网站上公开供研究者使用。

② 文中毕敬士、兹威默老照片转引自王建平.2010.中国陕甘宁青伊斯兰文化老照片：20世纪30年代美国传教士考察纪实.上海：上海辞书出版社.

③ 韩永静.2011.西方传教士在中国穆斯林中的早期传教活动研究.北方民族大学学报（哲学社会科学版），（5）：129-136.

图3-2　毕敬士在宁夏拍摄的拱北照片

　　毕敬士在张家川拍摄的这座拱北应为建立初期的
宣化岗拱北（图3-3），此处葬有哲赫忍耶门宦4位
先贤的遗骨。该拱北的大规模兴建工程始于民国四年
（1915年），可以看到中间的四边形墓亭构造较简单，
顶部形状为传统盔式攒尖顶，主体四边开有圆形窗洞，
檐下用砖雕仿木结构装饰。旁边的附属墓亭更加简朴，
攒尖顶形制与中式园林中的亭子无异。

图3-3　毕敬士在张家川拍摄的拱北照片

　　兹威默博士在临夏拍摄的这座八卦亭的主体部分
为四方体（图3-4），有马蹄拱形门窗，上部为带砖雕
斗拱的重檐结构。这幅照片下部附有英文题记，根据
其所描述的墓主的生卒年月，以及覆锅顶和屋檐顶部
城墙垛口形状的装饰推断，该遗迹应为1928年遭炮击
后的国拱北无疑，印证了口传史中关于早期国拱北的
记载，只是其规模明显较现在的国拱北小。

图3-4　兹威默博士拍摄的国拱北八卦亭

（二）海映光照片资料

美国宣道会传教士海映光（Carter D. Holton，1901～1973 年）于 1927 年开始在中国西北地区传教，在撒拉族、东乡族、回族、藏族聚居区生活近 27 年，拍摄了 5000 余幅反映河湟地区各民族生活和人文景观、自然风光的照片资料，是研究近代河湟人文历史不可多得的图像材料。

海映光对于 20 世纪初的河湟伊斯兰文化极为关注，在青海循化、甘肃河州及临洮地区拍摄了大量清真寺、拱北的图像，并做了简短但颇有学术见地的注释。毕敬士对拱北的英文注释为 Gonbei，海映光则直接使用 Qubba 这一术语，显然更具有艺术史学养，熟悉不同时期、地域伊斯兰建筑的风格。

20 世纪 90 年代，海映光的女儿将这些图片资料捐献给哈佛大学燕京学社图书馆收藏。1981～1984 年，哈佛大学费正清东亚研究中心（Fairbank Center for East Asian Research）和哈佛燕京图书馆（Harvard-Yenching Library）联合开展了"保存中国少数民族历史与民族志照片"（Preservation of Historical and Ethnographic Photographs of China's Minority Peoples）项目，对这些照片进行了数字化处理并发布在网站上供学术研究者使用。除照片原始信息外，2015～2018年，一些研究人员对这些照片做了较详细的注释，但是从实际情况看，许多照片注释存在明显错误，故择要进行考释与修正。

海映光在青海循化地区拍摄的拱北图像最多，其中包括当时的街子拱北、孟达拱北、线尕拉拱北、马儿坡拱北。这些拱北的形制较为多样，有些仅有简单的拱形墓冢，规格较高者为多边形结构的墓亭。在图3-5中，左图街子拱北为四边形墓亭，上部建有带盔式顶的祭祀亭。右上图为元代传教士的墓冢，外部用鹅卵石包裹。右下图临洮拱北为较简单的四边形墓亭，整体造型颇似宋元时期内的穆斯林石墓，上部为覆瓦盔式顶，檐下为砖雕仿如意踩结构，符合清中期常见的"磨坊亭"形制。

图3-5　左图街子拱北，右上图元代传教士拱北，右下图临洮拱北

图 3-6 中的青海循化线尕拉拱北格局较为完整，建有院落及简单的附属建筑。墓亭为单层六边形，上部为琉璃瓦覆盖的盔式攒尖顶，屋脊装饰脊兽，檐下有木质斗拱，立面砖雕装饰华丽，刻有堂心图案。

海映光在甘肃临洮地区拍摄的照片应为穆扶提东拱北的图像（图 3-7），其展示了几个珍贵的细节，可以看到四方形的砖砌基座（月台），上面放置有须弥座的石雕拱形墓庐，没有修建八卦亭建筑，是典型的早期穆斯林先贤墓庐形制。照片拍摄于 20 世纪 40 年代，结合东拱北的历史记载判断，其时应正处于收回原址、筹备复建的历史时期。

图3-6　青海循化线尕拉拱北　　　　图3-7　甘肃临洮穆扶提东拱北

海映光在临夏地区拍摄的拱北图像较多，比较重要的是一组大型拱北的图像，其中图 3-8 为这座大型拱北墓园图像，从该拱北的另一侧图像（图 3-9）可以看到华丽的一字形石牌坊前放置抱鼓石，从其他建筑局部图像（图 3-10）可以看到两座小型墓亭，均为单层四角形结构，前部开有马蹄拱形门洞，底座为须弥座，前面放置香炉。左侧墓亭为覆锅顶，右侧墓亭为歇山顶。两座墓亭的檐下均装饰多层砖雕花牵板，立面有繁缛细密的砖雕，其中一座墓亭外墙装饰有博古图案，整体风格与明清时期清真寺大殿内部装饰相似。原图片注释为"虎非耶门宦华寺拱北一字门"，但是此拱北的形制与华寺拱北的相关记载不相符合。从牌坊门前的抱鼓石形制，结合毕家场拱北收藏的抱鼓石文物以及内部资料记载判断，此拱北应该是毕家场拱北。

图3-8 毕家场拱北墓亭

图3-9 毕家场拱北一字形石牌坊

图3-10 毕家场拱北墓亭局部

　　图3-11的注释为1941年拍摄的大拱北八卦亭照片，应该是大拱北20世纪40年代复建后的规格。可以看到，这座墓亭为三层八边形结构，飞檐翘角，从另一角度照片可以看到墓亭前部建有抱厦，为典型的八卦亭形制，属于近代拱北的最高建筑规格。这座八卦亭除整体比例不够高拔之外，其基本结构、装饰形制与20世纪80年代之后重建的八卦亭没有太大差异。

　　图3-12为一座小型砖雕墓亭，从圆拱顶部及下部的城墙垛口判断，应为国拱北无疑，与前文中兹威默拍摄的照片比较可知，应为20世纪40年代修复后的国拱北墓亭。

　　除几座大型拱北外，海映光重点拍摄了河州城西门外的麻扎滩拱北（图3-13），此地应为当时的河州穆斯林公墓区，这些拱北应为早期苏菲传教士的墓冢，与城内苏菲门宦修建的拱北墓园形成了较大反差，多数拱北形制比较简陋，常见没有八卦亭覆盖的石雕、砖雕墓冢，规格稍高者将拱形墓冢置于多层须弥座上，周围建有院墙。规格最高的拱北形似磨坊，顶部造型多样，有阿拉伯风格的覆锅顶，亦有中式歇山顶、卷棚顶，立面装饰简单砖雕刻图案，总体接近民间祭祀亭的形制。

图3-11　大拱北八卦亭　　　　图3-12　国拱北墓亭

图3-13 海映光拍摄的河州城西门外麻扎滩拱北

（三）拱北内部照片资料

　　图 3-14 为临夏华寺拱北珍藏的老照片，是民国三十六年（1947 年）华寺拱北墓庐重建的竣工纪念照。照片中的八卦亭为三层八边形塔楼形制，与前文中提到的大拱北八卦亭类似，但是二层以上为开放的亭式结构，应能反映清代华寺拱北的原貌。

　　图 3-15 为临洮穆扶提拱北所藏老照片，应为穆扶提拱北 20 世纪 50 年代的面貌（1953 年重建）。可以看到建在月台上的多个三层八边形墓亭，其顶部造型为飞檐翘角的盔式攒尖顶，与当代拱北的八卦亭形制几无差别。

图3-14 1947年的华寺拱北

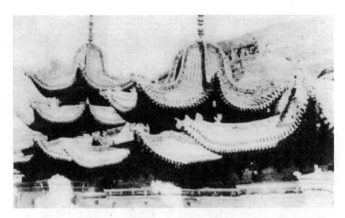

图3-15　20世纪50年代的临洮穆扶提拱北

图 3-16 为临夏榆巴巴拱北 1928 年时的图像，可以看到当时尚未修建八卦亭，为典型的月台式结构，上面放置的石拱（墓冢）覆盖苫单，月台下部开有烧香的孔洞，符合早期拱北的形制。

图3-16　1928年的临夏榆巴巴拱北

第三节　拱北形制和功能的历史演变

一、多重历史关系与文化关系

基于特殊的地理位置、民族格局和文化环境，西北河湟地区的民族建筑自古即以规制松弛、地方特色浓厚著称，河湟当地的多民族文化习俗均对拱北的建筑风格构成了影响，使其具有了多重的历史关系与文化关系，成为多元文化层累的历史文本。在几百年的发展过程中，拱北的形制、格局持续变迁，功能逐步拓展，文化内涵在复杂的社会互动中不断丰富，其被中华文化制度形塑的过程也是其文化内涵逐渐本土化的过程。

从历史情况看，河湟地区早期的拱北存在两种不同的形制，一种是受中亚、西亚建筑传统影响的拱形墓庐（麻扎），另一种则是受中国传统建筑影响的亭式建筑（八卦亭）。在其后的发展中，这两种建筑形制逐渐融合，二者的功能和内涵也获得了微妙的传承。

从文化传播关系看，河湟拱北与新疆地区的麻扎存在显性和隐性的文化关联，二者的渊源、基本形制、内涵、功能及相关的习俗有诸多内在的联系。

新疆地区的麻扎具有较浓厚的中亚建筑风格，其规格和等级十分悬殊，普通信众或苏菲修道士的麻扎通常只是一个泥土建造的拱形墓庐，而重要政治人物、宗教领袖的麻扎则高大华丽。典型者如图3-17所示，民间称"香妃墓"，墓祠为半圆形拱顶的方形建筑，用彩釉砖和石膏模印浮雕精心装饰，并在墓区建有规模宏大的门阙、清真寺、经堂、道堂、花园、水池等附属建筑，构成一个完整的园林化的墓区，随处可见的马蹄拱造型和高耸的邦克楼①构成了鲜明的伊斯兰文化意象。

河湟地区的拱北多为中式古建风格的园林建筑群，周边亦建有

图3-17 新疆喀什阿帕霍加麻扎

---

① "邦克"为阿拉伯语音译，意为呼唤，内地穆斯林称作宣礼塔、望月楼、唤醒楼。

清真寺、道堂及其他附属建筑设施，墓亭样式为中国传统的亭式建筑。尽管拱北与麻扎的外观迥异，但是仔细分析，则不难发现二者隐含的文化关联，其既表现为形制和格局的呼应，亦体现为文化精神的对话与同构。

就功能而言，麻扎和拱北同为区域性、地方性的宗教文化中心，兼具宗教修行、教育、祈福、慈善等多种社会功能，其文化凝聚作用使不同的社会阶层形成一个有机的行动整体，比较合理地维持了地域社会知识阶层和贫民阶层的融洽关系，亦活跃了伊斯兰社区经济资本的流动和运作。

基于历史上祆教、佛教、景教、伊斯兰教的渐次传播以及深厚的萨满文化遗留，新疆地区的文化传统呈现丰富的层累样貌。就圣墓崇拜的习俗而言，由于历史上多元的民族成分与文化传承，新疆地区维吾尔族的麻扎和回族的拱北并存，且常有跨族际朝拜的情况。

与此类似的是，拱北吸纳了许多汉族传统文化和多民族文化习俗（敬香、祈福、灵石崇拜），其民间文化特征十分显著，亦存在跨文化共享的习俗。此外，从拱北的文化功能、内涵以及个性、夸张的设计可以明显看到明清时期汉族民间宗祠和墓祠对建筑的影响，这一特征符合宗教建筑所依附的行业文化和社会运作机制。

从文化变迁的宏观视角观照，河湟伊斯兰建筑在丝路文明对话的历史语境中生成，传承了丰富的文化基因谱系，其发展过程既是文化、语言流变的过程，也是差异的文化制度被整合、形塑的过程。在微观的行动层面，作为一种文明互嵌的物质文化形式，拱北并非外来文化与在地文化传统之间的简单混合，而是对多元文化表意系统的整合与重构，并以此为基础形成具有深度历史感的符号系统，其对于族际关系和文化制度、文化权利的多重表征成功削弱了文化之间的差异性，成为宗教文化本土化、地方化的客观反映。

二、本土化建筑风格的形成

学术界普遍认为，中国近古伊斯兰建筑风格肇源于明代至鸦片战争的几百年间，在此期间，中华传统风格的清真寺、讲经堂、道堂、拱北等建筑开始逐渐定型发展。唐宋至元代修建的清真寺均为砖石构造的穹隆顶建筑，至明代，中式风格的伊斯兰建筑开始出现，其与明初的"礼俗改革"有密切的关系。明朝政府对于宗教寺院的监管甚严，形成"札付"（政府公文）制度，比较重要的宗教寺院往往由皇帝敕建，诸多不合中华礼法的活动和习俗均被革除，甚至用"正祀"还是"淫祀"甄别宗教场所的合法性。[①]北京牛街礼拜寺、西安化觉巷清真寺（图3-18）、南京净觉寺均为敕建的清真寺，这些寺院严格遵循了中华建筑的礼俗规制，形成示范效应，其后各地的伊斯兰建筑均依此规制修建。

从历史遗存和文献资料分析，在大多数历史时期，河湟地区拱北的形制始终多元并存。早期的拱北建筑（尤其是古土布拱北），只是在墓穴或纪念地上修建的墓冢，其材料、形状比较多样，一般不修墓亭，亦很少修建墓园和附属建筑，与宋元时期的穆斯林墓葬没有显著区别，这些特征从民国时期旅居河湟的西方传教士拍摄的一系列照片上有真实反映。除麻扎形式的拱北之外，在墓冢下面修建须弥座[②]或月台[③]亦作为一种常见的改进形制，典型者可见于早期的青海街子拱北、临夏市的榆巴巴拱北、临洮穆扶提东拱北。此外，

图3-18 西安化觉巷清真寺省心楼

---

① 丁慧倩.2016.札付、官府、清真寺：从札付看明朝政府对清真寺的管理.世界宗教研究，（5）：154-163.

② 此种形制早期为佛像底座专用，后被用于佛塔、宫殿、寺观建筑的基座，明清时期被推广至普通建筑的底座装饰。

③ 中式殿宇建筑前部突出的平台，通常用于举行祭祀活动。

在墓冢之上修建享殿①的做法亦很常见，上述诸种拱北形制至今仍可见到。

作为河湟地区拱北的成熟形式，"八卦亭"式拱北最早出现于清乾隆年间，至嘉庆年间始开始盛行，现临夏市内的大拱北建筑群、华寺拱北、广河县的胡门拱北八卦亭均初建于这一时期。在社会层面，八卦亭式拱北的出现既反映了河湟民族社会经济基础的提升，亦表征了河湟多民族对于中华传统文化的认同。

八卦亭这一名称具有多层次的内涵。在文化层面，其融合了中华亭式建筑和伊斯兰教建筑的功能特质，兼具中华传统文化的部分玄学内质和苏菲神秘主义文化特征，表征了中华传统文化与丝路文明的对话与整合。在形式层面，其多层、多边的形式完美呈现了中国传统建筑平稳庄重的美学特质，并进一步朝向公共景观文化发展，故可以将"八卦亭"的出现作为拱北中国化发展的标志。

从形式上看，八卦亭是亭式建筑与塔式建筑的结合体，其由多种建筑形制融合而成，中亚、西亚拱顶建筑，印度佛塔建筑，中国传统多层亭式建筑、民间祭祀建筑均对其构成了影响。在诸种文化来源中，"亭"为历史悠久的中国传统建筑形制。在中国传统建筑体系中，具有纪念性质的亭式建筑主要为祭祀亭、碑亭等，其中祭祀亭分为两种形式，一种是独立使用的祭祀亭，另一种为与殿堂连接为一体的"享亭"，此种设计与拱北八卦亭的设计十分类似，其功能多样，共同的特点是具有纪念性、开放性和公共性。

从诸多苏菲门宦的教内文献和口述史可知，清初的一些拱北开始在墓冢上修建亭式建筑，其形制类似磨坊，顶部覆瓦，立面装饰较少，多为四边形，与当时汉族民间的祭祀亭没有显著差异。

东乡县大湾头拱北纪念碑文中较为翔实地记述了大湾头拱北建筑形制的演变过程，尤其是碑文中从

---

① 通常指中式建筑中供奉灵位，举行祭祀的大殿，也指陵墓的地上建筑。

"磨坊亭"到"卷棚八卦亭"（即卷棚顶），最后到"双层六角亭"等记述极为珍贵，形象地反映了清代拱北八卦亭形制的演变。此外，近年发现于康乐县的湾儿拱北（图3-19）已经被确定为清代中期的拱北原作，从其单层、六边形的造型中可以看到"磨坊亭""六角亭"的影子。

与早期域外建筑风格的拱北不同，自清初开始，中国传统中式清真寺建筑成为拱北的设计蓝本。在河湟地区，营造中式风格的清真寺建筑始于明代，至清乾隆年间已经形成独树一帜的地域风格，以平安县洪水泉清真寺为代表（图3-20），其在结构上已完全摆脱了中国早期伊斯兰建筑的异域式样，形成以中华传统建筑风格为主体，多元民族风格兼容并蓄的独特风格。此外，青海循化县清水河东清真寺、孟达清真寺、塔沙坡清真寺、张尕清真寺、科哇清真寺，化隆县的卡力岗清真寺等保存完好的古寺均表现出类似的文化特质，可以窥见同一时期河湟伊斯兰建筑多元交融的文化特点。

传统中式清真寺建筑的唤醒楼是高耸的多层亭式建筑，其融合了阿拉伯式宣礼塔的文化功能和视觉意象，传达了中华传统亭式建筑平稳庄重的礼制内涵，

图3-19　康乐县湾儿拱北墓亭

图3-20　洪水泉清真寺唤醒楼

其高低错落、分布有致的空间美感成为拱北八卦亭外观的意象基础。此外，遍布中国各地的佛塔建筑对八卦亭的形制亦构成了影响，佛塔建筑多边、多层的主体结构和奢华的装饰被八卦亭设计借鉴。尽管宗教体系不同，作为同样来自丝路文明传播，处于中国化演进过程中的宗教文化建筑，二者的抽象形式和数理内涵存在微妙的历史同构，文化功能亦表现出显著的趋同性。

清中期以后，随着门宦制度的普遍建立，一些苏菲教派的经济条件日益雄厚，政治地位也有了显著的提高。一些门宦创始人的拱北规模开始逐渐扩大，形制、装饰日趋豪华，从简单的墓庐演变为具有各种功能的大型建筑群，拱北的性质亦从最初的纪念性场所、修道场所逐渐演化为一种特殊的、内涵复杂的文化场域。

有历史记载的豪华拱北应始建于18世纪末，临夏嘎德忍耶学派的大拱北始建于清康熙五十九年（1720年），初称祁家拱北，至第六代出家人祁道和时期扩建，因气势恢宏而获得大拱北的美誉。华寺门宦第三代教主马光宗于清嘉庆二年（1797年）因军功[①]获赐而扩建了华寺拱北。从这一事件可以看到，拱北作为宗教建筑的权力等级开始依附于国家政治得到提升。此后，胡门门宦创始人马伏海于清嘉庆六年（1801年）主持建造了传统中国寺院建筑风格的拱北（图3-21[②]），并亲自在八卦亭天花板上设计绘制了天文地理、日月星辰及日月蚀示意图，充分体现了他在天文地理学科方面的深厚造诣。[③]马伏海曾在西安崇文巷清真寺学习经学，内地传统清真寺建筑无疑对其日后的文化创意和实践

---

① 华寺门宦的教徒协助平定白莲教起义有功，故获赐，且所赐应该是皇家使用的黄色琉璃瓦。按照明清两朝的礼制，只有皇家宫殿和皇帝敕封的寺院可以使用黄色琉璃瓦。

② 图片由胡门拱北管委会提供。

③ 此记载来源于胡门门宦的宗教内部文献。

构成了深刻影响，其八卦亭的形制与装饰对于河湟地区的拱北建筑影响深远。

图3-21　建于清代的胡门拱北八卦亭（民国时期拍摄）

从以上历史记载可以看到，河湟地区拱北建筑的营造经历了由简至繁、由单一墓庐发展为空间宏大的建筑群体的过程。在此期间，河湟伊斯兰建筑形成了更为成熟的风格和样式，并随着商业贸易和文化交流传播到了更多地域，其形制、建造工艺和装饰风格显著影响了多民族公共建筑，丰富了西北民族地区的人文景观。

三、当代发展与变迁

在文明交往、交流、交融的历史图景中，拱北的文化功能使其成为承载多元文化传统的物质载体，并演化为传承多民族精神文化的场域，作为一种重要的文化符号参与了地域文化的建构。在民族地区持续的社会文化变迁中，区域经济的持续发展成为其营造的基础，多元共生的文化环境与多民族共创的文化机制则成为其活态发展的内在动力。

明清时期的拱北在建成后屡次毁于战争和社会运动，经多次重建，原始形态的建筑遗产所存无几。20世纪80年代之后，随着国家民族宗教政策的落实以及地方经济文化的发展，一些具有悠久历史传统和重要文化价值的拱北开始复建（图3-22[①]）。当代复建的拱北建筑具有了明确的文化遗产指向，其组织管理形式日益规范化，宗教功能开始让位于社会文化职能，逐

图3-22　部分复建八卦亭

① 照片上左、上右、下左由穆永禄先生提供，下左来源于毕家场拱北内部资料。上左为1983年复建的大拱北八卦亭；上右为1987年复建的台子拱北八卦亭；下左为1982年复建的毕家场拱北八卦亭；下右为1987年复建的国拱北八卦亭。

渐成为民族社区重要的文化活动中心。近年来，随着民族地区文化旅游事业的发展，一些历史悠久、建筑装饰精美的拱北已经成为地标性的文化景点，其与各民族风格的建筑遗产交相辉映，构成了当代中国西北地区特有的文化景观。

作为独具特色的地域文化景观，拱北的复建活动带动了建筑装饰行业的当代转型，在一定程度上推动了地方经济文化的发展。与此同时，拱北的建造工艺、结构设计在反复的营造过程中获得了持续的完善，装饰水平亦有了质的提升。当代拱北的外观设计常常突破传统古建的格局和样式，其充分延续了河湟民族文化的多元特质，发挥了多民族交融的文化传统与集体智慧，表现出民族文化生生不息的创新能力。

此外，环境意识在拱北建筑规划中表现得尤为突出，每座拱北均为精心设计的园林化格局，十分注重依势造境的美学理念，常根据实际情况对内部和周边的自然生态环境进行美化改造。基于崇尚节俭的文化传统，拱北的营造秉持精简节约的原则，用材朴素（大胆采用新型替代材料），重视设计和建造质量，力求利用有限的资源实现精致华美的视觉效果，例见图3-23。从现实情况看，这种良好的营造传统显著改

图3-23　沙沟门拱北彩绘照壁

善了许多民族社区的人文风貌，也契合了文化旅游融合发展的社会现实需求。

需要关注的是，自 20 世纪 80 年代至今，大多数拱北都经历了多次复建，几乎所有拱北的八卦亭（详见后续章节的研究）都在原来的基础上多次加高或重建，尽管此种趋势不可避免，但是其弊端亦日益显现。刘致平于 20 世纪 80 年代出版的《中国伊斯兰教建筑》一书中曾收录诸多传统清真寺和拱北的图像，其中不乏大量具有重要历史文化价值的经典建筑。时至今日，除一些重点文物保护单位之外，其中的很多建筑已经被拆毁重建，造成文化遗产的再次破坏。

第四章
拱北的文化阐释

第一节 艺术文化的多元叙事

相对于作为宗教的苏菲派，作为人文文化的苏菲并不局限于信仰、思想和组织方式，亦包括丰富的社会文化实践。基于多元的文化传统，苏菲文化的传播与发展始终以艺术化的实践方式展开，历史上的苏菲教团多以文辞优美的诗歌、旋转的舞姿著称于世，这些丰富的艺术文化现象在很大程度上增强了其文化感召力，促进了其文化传播的效能。与此同时，苏菲文化神秘与质朴的精神活力，对于高雅文化与世俗文化的融通能力，兼容并蓄的文化创造力更使其成为东西方文化交流传播中一支耀眼的文化力量，充分展示了多元文化的宽广维度和文明的普遍价值。

作为苏菲文化的物质文化表征和精神文化中心，拱北是由知识、制度、语言、文字、图像、景观、仪式等构成的文化整体，其既包括极富创意的建筑景观，亦包括形式多样的诵念、舞蹈、绘画、书法、文学等艺术实践，形成涵盖视觉、听觉、仪式等多元媒介，涉及民俗、宗教、文化的多元文化谱系。在此，丰富的物质文化与精神文化被高度凝聚，构成了特殊的文化传承场域。

值得注意的是，尽管苏菲文化拥有丰富的艺术文化传统，但是其内部从未将这些文化形式视为"艺术"或者纳入相近的范畴，而是通过艺术化的精神体验追溯更为深邃的精神意象，此种文化追求与中华传统文化中追求"天人合一"的精神实践不谋而合。

可以肯定的是，在苏菲主义传播的文明互动中，艺术化的行动以及所展开的多元叙事无疑具有突出的文化建构价值，其对于文明和语言的差异性起到了良好的调和作用，并显著地填补了文字和语言所不能涉及的心理范畴。在此意义上，苏菲艺术文化并未局限于其宗教文化内涵，而表现为生活世界中丰富的创造性活动，其基于文明对话的社会整体实践生成了深刻的文本意义。

一、书法艺术与经字画

阿拉伯文书法在中国本土有一千多年的传承历史，并曾对中国书法艺术笔意的多样化生成起到推动作用，阿语书法常见库法体（al-Kufi）、纳斯赫体（al-Naskhi）、苏鲁体（al-Thltui）、波斯体（al-Furisi）、迪瓦尼体（al-Diwani）、卢格阿体（al-Ruq'i）等六种字体，装饰趣味和文化意蕴俱足。中国明清时期的伊斯兰教经堂教育中常要求用阿文抄写经文，清真寺、拱北等建筑装饰中亦常用阿文书法作为碑铭、题记、匾额以及建筑装饰图案，是其在回族民间传承久远的重要原因。十分独特的是，阿语书法使用的工具材料极具特色，常因地制宜用芦苇、木、竹、布等材料制成，以产生不同的笔触效果，顾颉刚在《西北考察日记》中描述了临夏回族书法家的作品。

二十六日：回教同人赠我以马经帮阿訇所作之阿文对联及大中堂，其字以竹帚书写，顿若山岳，扬若轻烟，有似散花之舞。知中土飞白书即用此种笔墨，是亦中西交通史上文化沟通之一例也……

二十七日：早，为大拱拜写字……①

河湟苏菲宗教职业者中擅长书法者甚众，许多人同时兼通中、阿两种书法，常以创作书画养性自娱，此种传统应与清代以来临夏地区深厚的回族士商文化密切相关，是河湟民族艺术文化的重要形式。临夏地区各苏菲门宦传承一种中、阿结合的书法形式——经字画，此形式以中国传统吉祥文化图案如"寿""福"字以及花鸟、博古等具象图案为轮廓外形，用阿拉伯文字细密填充，内容多为经文、颂词及吉祥用语，常书写成中堂形式广泛悬挂于殿堂或家宅，用以点缀门庭，装饰效果绝佳，极富特色。从总体形式和趣味来看，经字画微妙地传承了阿拉伯书法和装饰艺术的抽象构成意味，同时结合了中国书法的体势、结构，尤其融合了印章的金石趣味，并借鉴了诸多中国民间绘画和装饰的形式特征，与建筑、环境和文化空间结合完美，有雅俗共赏的文化趣味（图4-1、图4-2）。

从文化史和文化语境进行分析，经字画的形成是中伊文化深度融合的产物，为明清以来中国伊斯兰教常见的文化艺术形式，体现了阿拉伯文化与中国文化在语言文化、形式审美、民间习俗等诸多层面的互动与对话。

在口传史中，大拱北先贤为临夏经字画的创始人，其遗作《海水朝阳》备受赞誉，后被临夏诸多书法家继承并发扬光大。临夏街子索麻拱北的出家人赵玉芳多年精研经字画艺术，成就斐然。街子索麻拱北内设立了"中

图4-1　经字画《海水朝阳》（赵玉芳作）

① 中国人民政治协商会议甘肃省委员会文史资料研究委员会编.1988.甘肃文史资料选辑·第28辑·甘青闻见记·西北考察日记.兰州：甘肃人民出版社，93.

图4-2　经字画《忠孝仁爱》（赵玉芳作）

阿书法研究院"，常年举办书法艺术交流创作活动，拱北的墙面与照壁堂心多用赵玉芳书法作品，以砖雕形式雕刻装饰，文化气息十分浓厚。

二、道统史中的文化图景

临夏民间对"河州"这个地名有深刻的认同，其纵深的历史意象可以更好地表征临夏的山川形貌和地域文化内涵。

河州西部的积石山是《禹贡》中大禹治水的起点，流经域内的大夏河是河湟流域重要的水脉，而分布于州境西部边界的"二十四关"则是明初以来汉藏民族聚居区的边界。其中山河沟通历史记忆，象征地域生命和文化之源流，关隘则暗示了族群和文化的边界，基于此种时空关联，山、河、关既是河州地理的表征，也构成了其文化形貌。

在河州汉族民间传说中，临夏地域之形胜形成于上古大禹治水的史迹，其诸多细节渗透在临夏地域文化中，形成了深刻的历史记忆。

传说很早以前，临夏是一个大湖，称为"夏湖"。

大禹治水时从夏湖下游凿开了一个口子，将湖水导入黄河，使临夏成为米粮之川和人们的安居之所。这个泄湖口称为"泄湖峡"，亦称"野狐峡"。①

明清时期，河州伊斯兰教苏菲文化逐渐成形，成书于清代道光年间的《清真根源》为临夏伊斯兰教大拱北门宦的内部道统史，清同治年间（1862～1874年）大拱北门宦第六辈当家人祁道和纂述。道统史的开篇用简约的笔墨叙述了伊斯兰教史，继而论述嘎德忍耶学派的源流及神学主张，然后将叙述引向河州地理山川的开辟以及河州城的建立，一系列充满神话色彩的叙述具有鲜明的创世意味，与汉族民间大禹治水的传说原型同构，但是呈现了差异的文化图景。

> 我们河州地方，当年是一座大海子，从西流下来的水，无出水之径，看此土脉，立土渗水，从沙眼中出，此是前五百年。后来配贤阿里自西域满克（麦加）出来，立站在北山上，做了个杜瓦（祈祷），忽然东北角上，山开了峡口，至今叫泄湖峡是也，水从峡口出去，才现出河州地方。

> 至唐贞观年间，建修城郭，筑修周围城墙，惟有北城角修了数次，崩裂难成，不知何故？监工官员无奈，忽一日来了一位谢赫，鹤发童颜，自言从西域满克城嘎迪忍耶道堂中来，名为阿里，奉主命全此城功也，当时河州官员并百姓老人祈求伊斯俩目，道祖言曰：嘎迪忍耶的教门千年后复兴，有人承受嘎迪忍耶的教门，如今将我扣在黄沙缸下，城就筑起来了，众官员商议，实出无奈，始依道祖吩咐，如此而行，城工果然告竣，是夜晚间，此处城墙长高了三尺，二十五个垛子，所以后来，尊大归真日期，为三月二十五日，此乃道祖目尔台缵现了三个时景，河州老幼的人，无不骇异，众人俱称呼嘎迪忍耶道祖，从此立起

---

① 作者根据田野资料整理。

城角拱北，众回民都称老拱北。①

文中将河州城的修建与嘎德忍耶学派在河州的传播历史关联起来，具有显著的象征意味。这段故事在临夏地方妇孺皆知，亦成为河州"榆巴巴"拱北建立的依据。

在这段叙述中，山与河构成了河州的边界，但其不是一个封闭的、自足的生活世界，而是一个指向广阔历史空间的文化符号，同时又成为一个文化聚合的焦点，所有的叙事在这个有限的世界中展开。在此，多元的文化记忆相互缠绕、互涉，共同构成了特殊的文化图景。

随后，道统史将明末清初中亚苏菲教团的传教行动浓缩到生活化的河州地域生活场景中，顺次讲述了大拱北门宦创始人祁静一得道，在甘青川地区传道，直到其归真的诸多事件，其间穿插丰富的传说，随着时间的推进和空间的转移、转喻和隐喻的交织，事件和情节依附于虚拟的场景叙事，在现实的生活场景与灵感奇迹表征的隐喻世界之间交互转换。

作为民间教史，《清真根源》同样反映了中国本土哲学和语言文化在文明对话中产生的建构和能动作用，由这一文明对话的历史图景可以看到，语言环境的互动、适应构成了文化融合的基本结构，而丰富的地方性知识则成为文化传播的介质，二者共同构成了生动的文化语境。

从语言文化背景来看，《清真根源》具有更鲜明的跨语言文本特点，文中广泛使用以经堂语为主的宗教术语，但是沿用了明清时期以儒诠经运动的成果，用宋明理学的理论图式阐释教理，并广泛借用"阴阳""八卦""道器""浑化""天人合一"等儒、道、释理论术语以及相应的数理框架、伦理观念，语言风格保持了清代河湟方言的诸多特点，质朴华美，表现

---

① （清）祁道和撰．民国十三年（1924年）．清真根源．临夏大拱北门宦刊印本，10-11.

出鲜明的中国文化意象和审美特质，这种多元交融的多语言交互文本是河湟苏菲文学的突出特点。从历史情况看，河湟苏菲门宦浓厚的中国传统文化特质源于近古中国伊斯兰教学者奠定的语言文化基础，这种语言文化特点相对稳定地保留至今。

从叙事特征来看，《清真根源》表达的世界图景既有抒情性的中国叙事传统，又充满神秘主义象征色彩。其叙述在一个地域文化图景中展开，通过松散的、多层次的意指关系指向伊斯兰文化传播，以中华文明交流、融合为历史背景，并以河州地域的山川风貌和社会景观作为意义的联结，将三者组织成一个井然有序的意义系统，在汉语言文化语境中形成有机的符号互动。

三、民间传说中的文化叙事

相对于苏菲门宦宏大的墓园建筑群，古土布拱北的意义并不在于其本身的建筑空间，而在于围绕其存在的民间文化传统和形形色色的传说。

临夏回族自治州康乐县的湾儿拱北是一座建于清中期的典型的古土布拱北，由于所处的环境较为隐秘，在历次社会动荡中没有遭到破坏，至今保存十分完整，被当地的回汉百姓共同奉祀，并在当地民间流传多个传说。

据说湾拱北现址当时是汉族地方，唤作"周家大地"，拱北建成后当时有两名头人，一回一汉，一位是满拉（经学院学生）三爷，另一个是地主人桑宝宝。桑宝宝其人是个道士，也有一些本领。（桑宝宝）要和满拉三爷争高低夺权力，于是两人就约定比法。于是让一人拿一汤瓶（洗浴用的水瓶）水在房顶上向下倒，桑宝宝先来，他吹了口气将水冻住了，挂在了屋檐上；满拉三爷一见，双手举起朝向拱北做了多哇（祈祷），然后一口气将水吹到屋后的瓦沟中流走了。桑宝宝心服口服地说:"今后这儿就由你了,我再不管了。"从此满拉三爷正式担负起先贤的重托看管湾拱北。①

古土布的传说往往与河湟其他民族的口头文学存在同构,作为苏菲文学的在地化表现,其与浓厚的地域民俗文化传统相互融合,与多民族民间文学相互关联,构成了具有多元叙事特点的语言文本。相对于文字文献,此种口头文本在日常的、微观的社会行动和文化互动中逐渐生成,表现出更生动的生活图景。

河湟苏菲文学中包含诸多传说,尤其是关于宗教先贤的传说可见于多个门宦的宗教文献和道统史中,其中以求雨和治病的奇迹主题最为常见,这些传说主题常有一定的历史依据,与中国传统民间神话母题的关联显著,并具有趋同的逻辑结构和叙事程式。

华寺门宦的道统史中转述了门宦创始人马来迟在青海省化隆县卡力岗地区藏族群众中传教时祈雨的事迹。

在胡门门宦道统史中,创始人马伏海重视天文气象的研究,精通祈雨之术,并记述了马伏海之子马成河祈雨的事迹。

> 道光三年,甘肃连续三年大旱,马成河应总督之邀在兰州祈雨,大雨滂沱三天,救得干旱,马成河不求金银,只求八抬大轿将其抬回广河。

与此类似的是,大拱北门宦道统史《清真根源》中亦描述了门宦创始人祁静一传教过程中发生的诸多故事,包括在四川保宁府为当地群众祈雨,感化当地知府安定川皈依的事迹。

> 是年保宁大旱不雨,县令闻知盘龙山有修真

---

① 本段叙述来源于网络,内容根据需要进行了删减。网址:http://www.muslimwww. com/html/2013/gbgt_0624/16368. html.

慕道之士，亲身上山，拜恳师祖，祈祷甘霖，以救万民之患。师祖应允。县令请问师祖，需用何物？以便去准备，师祖言曰：其他东西一概不用，惟在嘉陵江边起立一坛可也。县令奉命，在江边筑建一坛，并亲自上山请师祖下山登坛祈雨。师祖即刻到嘉陵江边坐坛，是日天气酷热炎烈，青天之上，全无一点云彩。县令即向师祖言曰：今天上空无云，日光炽烈，我去与你取一把伞来，以便遮日。师祖答曰：无妨，不须用伞，自有打伞的来了。师祖大施恻隐，显现奇妙，忽见西方天空上，现出一朵白云，飘在师祖头顶上，遮盖日光，如似伞遮了影。不多的时候，白云化散变为乌云，游满天空，即刻大降甘霖，滂沱三昼夜，解了万民的灾难。

见师祖显了如此的奇妙时景，县令因此看破了红尘，回去辞了官职，将妻子儿女打发回家，上山与师祖为徒，得受清真大道。师祖命其在花街子，找寻岩穴，修真养性。后来面壁成功之日，归真于后好溪。现有拱北为证，至今香火不断。①

由以上资料可以看到各类祈雨事迹共同的象征性和文本结构，即对于族群、文化边界以及文化权力的表征。事实上，此种祈雨仪式并不只来源于中国文化，西亚、中亚、印度的伊斯兰文化中均保留有祈雨的习俗，可以窥见东方文化共同的底层心理结构和文化意象。

除了祈雨之外，国拱北墓主陈一明，大拱北创始人祁静一精通回族医术，并均有保护康熙皇帝，或者为皇帝治病的传说，国拱北内部文献的描述比较详细。

先贤陈一明回归祖国后，云游大江南北，普度迷津，曾三次治愈康熙帝危疾，甚受皇帝尊崇。

---

① 转引自（清）祁道和撰. 民国十三年(1924年). 清真根源. 临夏大拱北门宦刊印本：23-24.

第一次，康熙帝在京都游历，路遇盗匪，被先贤救助脱险；第二次，在康熙微服私访江南渡江时，船骤遇风暴袭击，当康熙生死两可之际，得先贤救助脱险；第三次，先贤闻知康熙患有顽疾，御医医治无效，先贤自荐为帝治病痊愈。康熙帝在数次危难中，均邂逅先贤，甚感奇异，念其护驾有功，医道精湛，恩泽世人，遂赐名陈保国，并赐官职、金银财宝及食邑方圆百里，被先贤婉言谢绝。

据国拱北教内文献记载，清代国拱北内曾有清政府御立的石碑以及御赐的"保国为民"匾额，并一直领取清政府提供的俸禄，直到辛亥革命时期方才结束。

在诸多苏菲门宦的道统史中，渡河、祈雨、斗法、治病、分身、先知先觉、祥光、立柱（建筑施工）、皈依等克拉麦提是最常见的叙事主题。仔细分析，其与河湟地区汉族、藏族、蒙古族民间神话传说的母题、叙事程式趋同，其故事原型可沿丝绸之路向西追溯，印证东西方文化交流和传播的历史踪迹。而先贤、异族、信众、皇帝、官府、知府等一系列相互关联的母题则体现了多元民族社会复杂的权力互动和制衡，反映了河湟民族社会在特定历史时期的社会形态以及文明、宗教与族群关系。

17 世纪末至 18 世纪初正是河州河湟苏菲门宦形成的时期，多位苏菲门宦的先贤分别在甘、青、川多民族边界地区传教。上述宗教传说在时间和空间上勾勒出河湟多民族地区的文化边界，艺术化地反映了上述历史时期的诸多历史事实，还原了苏菲派在河湟立足并发展时期的复杂的文化环境和社会关系。尤其是苏菲先贤在多民族地区艰苦的传教生涯生动地映射了这一时期民族认同、文化认同等宏观的社会变迁主题，亦微妙地传达出苏菲文化秉持的世界观和伦理观。

四、修道诗歌

神秘主义诗歌在苏菲文化中占有重要的地位，不仅因为其在宗教传播中的重要作用，亦由于诗歌的形式更适于传达神秘主义的宗教理念。莫拉维苏菲教团，被西方称为"旋转的苦修僧"，创始人为著名苏菲诗人鲁米（Rumi），[①] 以叙事诗集《玛斯那维》著称，鲁米的神秘主义诗歌在西方世界曾产生了巨大的影响。

神秘主义诗歌与苏菲派的"道乘"[②]修炼有密切的关系，具体表现为坐静、苦行、念诵迪克尔[③]等苏菲派特有的宗教功课，但是具体形式和内容则因门宦不同而有很大差异，这种差异主要来自不同苏菲教团的宗教传承。作为苏菲修行实践的重要仪轨，迪克尔诵念是宗教仪轨整体的组成部分，也是苏菲心灵修持的身体扩展，这种艺术化的修行方式也成为苏菲文化的重要表征。

此外，在河湟苏菲门宦的宗教修行活动中常用汉语吟诵苏菲派的诗歌和道歌，此类诵念相对地域化、个性化，并因地域不同融入了许多河湟民间歌谣的音韵和元素。

经过明清时期以儒诠经运动的文化转译，苏菲诗歌作为一种特殊的文化文本被传承到汉文化语境中，其中以刘智的《五更月》歌的影响力最大。《五更月》歌的内容主要是伊斯兰教关于认主独一、修身明德、复命归真和天人合一等一系列宗教认识论和伦理原则，

① 鲁米，13 世纪波斯伊斯兰苏菲派神秘主义诗人。
② 明清时期的中国回族学者根据中国文化语境分别将 Shariah、Tariqah、Haqiqah 等苏菲理论词汇转译作"教乘""道乘""真乘"三个境界。"教乘"指伊斯兰教的基本宗教义务和功修，"道乘"主要指苏菲派特有的静修、参悟等神秘主义修行活动。
③ 阿拉伯语原义为"怀念""纪念""赞颂"，在苏菲文化中，迪克尔的诵念与"道乘"的修炼密切相关，其内涵更被提升到了神秘的高度，被认为是获得"参悟""启迪"，实现最高层次宗教体悟的重要方式。因学派不同有不同的次序、数量，并配合不同的意念、呼吸和其他身体动作。

但是文体却借用了中国民间传统的民谣体，以"五更"为章节的定格联章时序体文学，体式主要是以五更为序，每更一首。^①此种形式曾被广泛运用于中国古代佛教、道教文学中，是具有鲜明民族特色、广泛民间基础的诗歌文学体裁，敦煌文献中就曾发现十二首盛唐时期"五更体"作品。20 世纪 30 年代顾颉刚在西北考察期间，曾在甘肃临潭西道堂为信教群众书写《五更月》书法作品，文献中记载曾在临潭县引发洛阳纸贵之盛况。^②笔者在田野调研中常见拱北中各处用不同形式书写的《五更月》歌，可见其对于苏菲门宦的影响之深，兹节选如下：

> 一更初，月正生，参悟真谛无形影。
>
> 妙难喻，无所称，不落方所事实真。
>
> 永活更古无终始，独一无偶唯至尊。
>
> 开造化，现象成，大命立开众妙门。

> 一更中，月正新，参慧无极性理根。
>
> 元气剖，阴阳分，万物全备人极生。
>
> 无极是种太极树，树藏果内果即根。
>
> 慎分明，须认真，莫把种作种根人。

> 一更末，月正高，定信吾教异诸教。
>
> 修后世，望恕饶，遵行天命与圣条。
>
> 顺享天堂无限福，逆罚地狱受刑牢。
>
> 劝童稚，莫逍遥，免得死后哭嚎啕。^③

在河湟地区，嘎德忍耶门宦内部以传承"无字真经"（各辈道祖的修道口诀和歌谣），如《真经歌》《修道歌》《无底船歌》《三昧真火歌》《无根树歌》等神秘主义诗歌著称，当代的许多苏菲门宦仍旧将宗教内容

---

① 孙晓婷 . 2017. "五更体"研究 . 陕西师范大学硕士学位论文，7.

② 丁谦，马德良 . 1991.《五更月》浅识 . 中国穆斯林，（5）：33.

③ 转引自余振贵 . 2009. 中国伊斯兰教历史文选（下），北京：宗教文化出版社，468.

写为诗歌体例进行传承。近代临夏著名伊斯兰教苏菲学者蒋郁如[①]（1885～1952年）著有大量苏菲主义修道诗歌，节选如下：

> 命降海底性升天，上呼下吸炼金丹。
> 二龙吸珠妙理显，抱璞还真归家园。[②]

再如宁夏嘎德忍耶石塘岭学派苏菲学者撰写的《十八真言》等修道诗歌，为经堂语和汉语诗歌、民谣的结合体，常结合一定的音韵念诵，这些充满神秘色彩的修道诗歌中可以看到中国苏菲极具特色的语言风格，即明清以来的中国穆斯林在汉语宗教文本中多沿用"经堂语"传统，其使用阿拉伯语和波斯语借词表达宗教术语，用宋明理学词汇结合佛道文化借词表达神学观念，运用汉语方言组织语法逻辑，有时还使用阿拉伯语、波斯语字母拼写"小经"[③]进行传承，构成极富多元文化色彩的语言文本。

五、尔麦里——民俗化的仪式文本

尔麦里（阿拉伯语 amal 音译）是苏菲派门宦最重要的宗教活动之一，本义指各种功修和善行，苏菲派特指宗教义务之外的额外功修。作为中国西北伊斯兰教社区典型的宗教文化形式和生活方式，尔麦里也是中国西北苏菲派门宦具有代表性的非物质文化符号。

在河湟地区，尔麦里的形式十分广泛，学术界一般将"尔麦里"仪式划分为纪念型、庆贺型、搭救型、祈福感恩型等多种类型。狭义的尔麦里指比较重

---

① 蒋文奎，字郁如（1885～1952年），近代临夏著名伊斯兰教学者，葬于全义拱北。
② 转引自马玮. 2013. 蒋郁如苏菲学理与苏菲实践研究. 西北民族大学硕士学位论文，95.
③ 亦称"消经""小儿锦"，为中国回族创造的一种拼写汉语的文字，用36个字母（包括28个阿拉伯字母，4个波斯字母，4个自创字母）拼写汉语，应为中国最早的汉语拼音形式。

要的宗教聚礼，主要是为门宦创始人忌日所举行的包括诵经、赞圣、宴请宾客等集体活动，其规模大小不同。

除此之外，普通回族家庭的重要生活事项亦举行小范围的尔麦里活动，具有更鲜明的本土化特点，是融合了多民族风俗习惯形成的社会活动，虽仍具有一定的宗教性质，但其社会功能显然多于宗教内涵。

日本学者高桥健太郎认为：尔麦里是族群凝聚的重要手段，具有社会整合的作用和文化分隔的意义。①从社会学视角看，河湟苏菲门宦的尔麦里仪式功能和内涵极为多元，涵盖了文化传承、人际关系、族群认同等多层次的社会功能，以拱北为中心的尔麦里活动既满足了现实生活中的诸多情感诉求，也加强了族群的归属感，尤其对于多民族聚居地区的信众而言具有深刻的文化凝聚力。

此外，河湟伊斯兰教拱北的尔麦里仪式表现出深刻的文化"涵化"特征，一位榆巴巴拱北的宗教人士讲述了拱北回汉共祭祀的习俗。

> 老拱北（榆巴巴拱北）活动的日子是初一、十一、二十一，最主要活动日是三月二十五。正月初一是个好日子，开天辟地的第一天，老拱北是回汉群众都来，烧香的人太多，香都供应不及，我们也宰羊、炸油香招待。
>
> 三月二十五是河州城建成的日子，也是城墙大爷（榆巴巴）归真的日子，要城墙土的群众特别多，就是图个吉祥，我们就提前准备一些小袋子装一点土让大家拿。②

可以看到，作为民俗化的仪式文本，尔麦里是多民族共生社会族群和文化互动的历史产物，其在增强

---

① 马平，高桥健太郎. 2002. 关于"尔曼里"的社会人类学思考. 宁夏社会科学，（4）：57-61.
② 资料来源于笔者2021年7月对榆巴巴拱北陕子强先生的采访。

本民族凝聚力、强化身份认同的同时，亦弱化了多民族聚居区显著的文化差异和精神张力，对多民族和谐相处和文化认同起到了积极的建构作用。

第二节 文化空间与文化生产

法国哲学家列斐伏尔（Henri Lefebvre，1901～1991年）通过其空间三元理论阐明了文化作为社会事实的多维性和生产属性，这一理论用"空间"这一兼具"生产性"和"被生产性"的中介概念解构了物质实体性与其精神性的二元对立，区别了抽象空间和社会空间，有机地整合了文化的时间逻辑和空间逻辑，使其与社会建构之间获得了动力学的关联。

"隐"与"显"是拱北基本的空间逻辑，在显性层面，拱北的景观特质生成于自然、文化传统、社会景观的共时互动，在隐性层面，其精神性则呈现为历史化的知识谱系和传承策略，联结二者的则是艺术化的实践活动。

在社会生产中，艺术活动不仅指向其本体内涵与自律性，亦具有抽象知识生产与具体物质生产兼备的特殊内涵与实践性，其参与社会事实的建构，具有影响社会行动的微观动能。在此过程中，物理空间和精神空间的解构与重构，权利凝聚与资本流转，族际交往与文化融通展示了其充沛的实践活力。

一、"隐与显"的文化空间

尽管有悠久的历史渊源，修建拱北对于苏菲派而言并非完全基于宗教传统和文化惯习，而是基于不同的自然生态和文化语境，以精神实践为起点，以文化传播为手段，嵌入多元社会的整体实践，具有显著的文化生产特征，尤其表现为对相应的社会关系、社会秩序的建构过程。

基于特有的哲学认识论和实践传统，"隐"与"显"①不仅是苏菲派的主要神学认识观，也是苏菲派发展所秉持的实践理念，并被贯穿到一系列相互关联的社会活动中。尽管每一学派的宗教主张并不相同，但其文化始终围绕着此种二元形态传播与发展，并由里及表、由内及外地转换为多元的文化实践策略。

从历史情况来看，早期苏菲派门宦在河湟地区立足依靠两种不同的文化向度，其一是精神的深度，这一点决定了其文化的传承和发展能力。其二是对于多民族文化环境的适应性，这一点决定了其社会实践的活性。苏菲派的宗教生活并不局限于基本的宗教功课，而是在被拓展的文化空间中展开的系列实践形式。

从诸多文献和口述史里描述的情况来看，在多民族宗教文化和繁杂的民间信仰基础深厚的河湟地区，清代的苏菲派所采取的是相当开放的文化策略，这种基于文化互动的实践策略不仅凸显了其跨文化的适应性，也体现了苏菲文化的本原精神。从历史情况看，苏菲派善于变通的多元文化特质赢得了广泛的尊重，这种特质决定了其发展并没有停留在传教、宣教的形式上，而是以一系列文化实践切入了基层民众的生活，并生动地体现在多民族文化的互动与交流中。

作为文化精神的"隐性"传播策略，苏菲文化的开放性对各族群众产生了高度的吸引力，也调和了文化差异产生的心理隔阂。在毕家场门宦②的内部文献中，毕家场清真寺的场地来自汉族乡民的慷慨馈赠，至少说明了这一时期相对融洽的民族和宗教关系。华寺门宦③的创始人马来迟（1681～1766年）曾经多年在甘青交界的黄河边传教，其传教故事至今在各族民间流传，并演化为丰富的民间传说，成为河湟民间口

①　苏菲神学理论基于伊本·阿拉比（al-Ibnal Arabi，1165～1240年）的"万有单一论"，其继承和发展了古希腊新柏拉图主义(Neo-Platonism)的精神本体论学说。
②　属苏菲派虎夫耶学派，创始人马宗生（1639～1719年）。
③　属苏菲派虎夫耶学派。

头文学的重要来源。"华寺"这一名称在民间与"花寺"相通，来源于另外一个传说，即马来迟标新立异地用汉藏风格的彩绘装饰了新建的清真寺，这种作为在当时的社会环境中堪称大胆与豁达，契合了多民族文化语境中各族民众的心理需求。与华寺门宦几乎同时代形成的大拱北门宦则采取了另外的策略，创始人祁静一（1656～1719年）精深的汉学修养和儒道文化气质^①得到了多民族人士的认同^②，大拱北门宦的出家人制度甚至在河湟民间产生了清真道士的称呼。

作为"外显"的物质文化表征，拱北的营造成为苏菲派重要的文化表征，其隐秘而奢华的建筑装饰淋漓尽致地体现了"外显"的文化实践。在此，被物化的精神形式在特定的文化场域中得到了增殖的条件和机遇。尽管河湟私人宅邸也可能使用同样的装饰，但是其规模和工艺却很难与这些"庙堂"级别的宗教公共建筑相比。在一定历史时期，苏菲派华丽的清真寺和拱北建设吸引了河湟多民族社会力量的参与，甚至带动了整个河湟地区包括建筑、彩绘、雕刻在内的手工艺行业的发展。

不论其宗教身份如何，明清时期的河湟民族建筑并没有鲜明的族性特征，而是体现出显著的文化共性。在此基础上，以拱北为中心的文化建构并未止步于对独特文化身份的表征，而是超越了宗教的一般功能和范畴，在多民族共生的文化场域中建构了一种多元开放的文化空间，其丰富的文化互动形成了活跃的文化传播场域。在此空间里，河湟苏菲文化群体更注重包括图像、习俗、仪式、社会组织结构在内的符号表征，消除了文化之间的差异，同时艺术化地表达自身的文化内质与话语诉求，这种建构不仅充分延续了其精神

---

① 苏菲派讲求修道的教法三乘（礼乘、道乘、真乘），大拱北门宦在四大苏菲学派中最重视对"道乘"的追求。

② 祁静一曾在陕西汉中、西乡，四川保宁府（今四川省阆中市一带）传教，据大拱北内部文献《清真根源》中的描述，期间有多位汉族道士改宗伊斯兰教。

特质和历史内涵，更拓展了其文化传统的空间维度。

二、"聚合与分化"的景观空间

作为文化时间和空间的综合表征，拱北的社会属性并不局限于其建筑体在自然空间中的占位，而是集合了自然灵韵、人文性格、社会关系的文化空间，并进一步因其内在的生产活性成为居于自然和社会之间的生态景观。

从历史情况看，早期的拱北与地域文化传统结合紧密，主要满足地方民俗信仰的需求，其文化功能和社会影响比较局限，相对而言，苏菲门宦修建的拱北园林无疑是历史传统和社会能量凝聚为文化制度的表征，其整合了知识、血缘、权力、话语的文化制度构成了抽象的文化空间，并将其具体化、物质化地付诸景观实体的建构。

拱北的视觉形态始于对多民族文化景观的复制，中国传统建筑中亭、塔、宗祠、庙堂等视觉符号均被其继承，使之呈现出显著的公共景观特征，尤其在拱北文化形成的初期，此种追求共性的策略极为突出。当拱北的格局和形制逐渐成形，则开始特殊的、个性的、风格化的追求，对血缘的维系、道统的传承与文化权利的暗示开始成为其内在的符号表征。这种聚合与分化、共性与个性交替演进呈现了生动的文化变异过程，其体现了河湟民族社会处于聚合和上升时期普遍的文化策略。

从社会机制来看，这一过程也体现了多元社会能量的流动与转化。在河湟民族文化发展的历史进程中，零散的社会能量不断聚合，高度聚合的社会能量又不断产生分化，一部分固化为显性的物质形态，另一部分则转化为隐性的非物质文化形态，二者在生活世界中相互指涉，共同参与新的文化聚合。与此同时，多元的文化信息被抽象、重构形成新的文化谱系，被赋予新的文化意义，转化为丰富的景观细节。

基于此种生成机制，无论建筑外观还是文化内涵，拱北均体现出鲜明的文化整合特征，其建筑形式特立独行，官方规制与民间趣味杂糅，既有规范的设计，亦有灵活的嫁接，市民意趣和商业格调兼备，"礼俗互动"的文化特征十分显著，具有鲜明的创新价值。

清末民初，河湟伊斯兰建筑渐趋成熟，饱满的盔式攒尖顶与建筑体高耸的比例特征愈益显著，这种高拔舒展的建筑形制甚至影响了多民族公共建筑，形成了河湟民族建筑文化的独特气韵和集体意象（图4-3）。在多元交融的社会文化环境中，多民族、多地域建筑文化的交互影响极为显著，文化的传播与互动被转化为丰富的造物实践，徽派建筑的文质与古雅，南方古建的轻盈与绚丽，藏式建筑的庄重与华美被充分融合，在每一个装饰部位，绚丽的锦地图案和充满民俗情趣的花卉、器物、吉祥图案交相辉映，渲染出河湟民族社会丰富的生活世界（图4-4）。在其后的发展中，这种具有地标含义的文化符号甚至传播到四川、云南乃至河西走廊和新疆地区，成为中国西部地区民族文化景观的重要组成部分。

图4-3　青海大通杨家拱北八卦亭

图4-4　东乡县石峡口拱北八卦亭

三、社会空间中的文化生产

德国著名学者斯宾格勒在《西方的没落》①一书中描写阿拉伯文化时使用了"假晶"这一术语，其本来是一个地质学概念，特指自然界的一种溶岩注入另一种岩石的间隙和空洞中，生成共存、混生的"假晶"体，此现象亦常被用于描述多元文化，可以更为生动地类比文化融通、整合发生的具体条件、原因以及机制。

近代河湟民族文化的发展始终受到两个因素的影响和制约，首先是多民族差异的生活习俗与文化传统，其次是相对薄弱的生产力水平和社会经济基础，二者的共同作用使社会文化呈现共同的边缘形态和普遍的文化裂隙。

从历史情况看，河湟苏菲派的文化发展策略与明清时期内地伊斯兰文化的发展策略并不相同，前者致力于文化转译，用文本互释的方式建构自身文化的合法性，河湟地区的苏菲派则致力于通过社会行动塑造其文化身份，将自身文化内容填充在多民族文化构造的空隙中，实现异域文化的在地转化。这种双向的构造过程类似于自然界的"假晶"现象，既符合苏菲教团的本原文化特质和行动特征，也契合了当时河湟社会文化的语境。

尽管修建拱北属于社会上层建筑的文化实践，却不能忽视在此过程中知识阶层与劳动阶层的互动，相对于宗教知识阶层基于精神实践的社会活动，河湟工匠群体丰富的造物实践则建构了生活世界本身，具有重要的文化生产价值。

作为河湟社会物质文化生产的中坚力量，建筑装饰行业拥有完全不同的知识背景和文化谱系，掌握更多整合社会资源的途径。其涉及的社会关系、商业资

---

① （德）奥斯瓦尔德·斯宾格勒．2001．西方的没落．齐世荣等译．北京：商务印书馆，330．

本、开放式的行业机制和合作关系构成了特殊的文化传播场域，使多民族和社会阶层的价值观、审美趣味、文化习俗在传播与流动中相习，个体和集体的世界观、道德观以及生活经验、审美经验、创造经验亦通过多层次的互动形成了积极的文化创新效应，表现出鲜明的文化生产特征。

在此过程中，艺术作为媒介语言和生产工具的双重属性建构了精神世界与物质世界，艺术的生产过程渗透在社会文化的裂隙中，塑造了拱北特有的空间形态和文化秩序，与此同时，艺术活动突出的建构作用亦赋予其不断拓展的物理空间和持续增殖的意义空间。

作为文化共生格局中重要的结构力量，河湟苏菲文化对中华传统文化和国家话语始终抱有鲜明的认同态度，并在此基础上含蓄地表达出特立独行的创造精神，其文化建构性在很大程度上解构了异质文化之间的冲突。在此意义上，文化的共同性与差异性，共性追求与独特的创造性构成了文化空间的两极，居于其间的生产活性则成为文化活态发展的根本动力。

从社会发展的角度观照，河湟地区近代史上持续的文化变迁和整合共同塑造了这种互融共生的文化传统，其不仅与甘、青地区各民族的精神生活与审美形态息息相关，更因其多元互融的文化特质而具有了跨界的文化意义。这种现象所包含的丰富的地方性知识、多民族心理素质以及多元价值观追求从一个侧面展示了文化共生形态的深层内涵和心理结构。

第三节 文化修辞与符号机制

美国修辞学家肯尼斯·伯克（Kenneth Burke）认为，修辞把互相隔绝的人们联系起来，这一主张将修辞的功能从传统意义上的"辩论""劝说"等演说技巧提升到人类的生存状态，将生活世界作为修辞技巧的展演，并在无形中关联了符号世界和生活世界之间的能动环节。

中华传统伊斯兰建筑是文明共相在特殊历史情境中的特殊表达，也是差异文明交往、交流、交融的历史表征，其跨文本的视觉修辞策略生成了富有文化建构意义的符号体系，表达了深刻的文化认同，彰显了人的灵感与创造力在历史时空与生活世界之间的中介意义，是基于现实生活世界对人类共有精神家园的建构实践。

一、跨文本的互文性

在河湟多民族社会形成的历史场景中，文化的壁垒和开放性并存，其渗透在社会生活的各个层面，并由特殊的符号体系表征。拱北的视觉形态是多民族社会力量共同塑造的结果，在此过程中，文化差异性与共同性被分层融入其视觉符号体系中，形成微妙的心理互嵌，共同充实了其文本意义。

拱北是苏菲文化的精神基础和仪式中心，其广泛使用的宗教图像、文献、口传文本以及修行仪轨、仪式构成了综合性的视觉文化文本，具有跨文本的互文性。

当代的拱北广泛使用具象装饰图案（指鸟兽或者人物），这是其区别于清真寺建筑的重要文化特征。然而有证据表明，至少在清末之前，河湟地区的清真寺建筑亦广泛采用此类图案装饰。如青海省的洪水泉清真寺（国家级文物保护单位），始建于明代，扩建于清乾隆十五年（1750年），整个建筑群随处可见鸟兽图案砖雕。此外，现存于临夏八坊清真北寺的砖雕照壁（建于清乾隆年间），内容即为《墨龙三显》《凤栖梧桐》等神兽图案。与此相比，西安市的化觉巷清真寺、大学习巷清真寺同为明清建筑，却鲜见此类图案，仅大学习巷清真寺外照壁、抱鼓石上雕刻有少量鸟兽图案（图 4-5）。

从上述历史情况看，此种图像文化习俗并非苏菲门宦所独有，亦不能确证其为中国伊斯兰教的共同文化习俗，但可以肯定的是地域民族文化对中国伊斯兰建筑装饰产生了深刻影响。也可以认为，河湟地区多民族共生的文化环境是文化图像产生变异的基础，而苏菲门宦对此类图像的应用显然基于宗教文化和地域民俗文化的双重影响。

图4-5 青海洪水泉清真寺砖雕堂心

尽管明清时期的中国伊斯兰教翻译运动会造成普遍性的文化涵化现象，但是苏菲门宦广泛借用地域化的文化图像表征自身的文化观念无疑是一种具有主动性的、普遍的策略，除复杂的历史文化源流外，显而易见的原因是苏菲教团对文化的包容度和一以贯之的实践策略。基于这种实践，口传史中早期的拱北表现出充分的文化开放性，俨然成为集合了多民族文化精华于一体的公共建筑群，正如下面这段口述史中叙述的那样：

> 以前大拱北里有人物画，是汉族人画的（图像），现在的《五老观太极》是五棵松树，原来的五老就是五个人。后来门宦多了，觉得人物不太合适就改成松树了。①

再如临夏回族自治州东乡县哈木则拱北（由明代至清代同治年间次第营建）的清代古砖雕照壁，狮子、虎、鸟类等动物形象极为丰富。而临夏市红园清晖轩的砖雕精品均出自清末至民国时期临夏各苏菲派门宦拱北、清真寺，这些作品的内容均为儒家典故或者唐宋诗词。

---

① 参见本书第七章穆永禄先生口述史。

近年来，苏菲门宦对于此类图像的使用时常引起
争议，亦引起了一些学者的关注，并试图从不同学科
视角进行阐释。其中周传斌对《百鸟朝凤》（图4-6）
《丹凤朝阳》两个图像进行了象征人类学研究，认为苏
菲门宦文化里的凤凰原型为波斯神鸟"西摩革"，《百
鸟朝凤》的意向和隐喻可见于苏菲神秘主义诗歌中，
系对于伊斯兰教神－人关系的隐喻，亦为苏菲先贤德
性和宗教品级的表征，而被转换为凤凰图像则属于伊
斯兰文化的"在地化"表现，二者属于"能指"和
"所指"的关系。[①]杨文炯对《二龙戏珠》图像进行了
人类学研究，认为龙珠象征真主的"真一"性，而龙
则象征极其虔诚、喜爱真主的人，龙与珠的关系是借
用道教理论对苏菲神学观念的重构，体现了中国文化
内在整合的隐形结构。[②]马文奎对大拱北砖雕中的《海
水朝阳》《镜》《寿》《狮》等图像进行了宗教人类学
研究，将其原型追溯到苏菲名著《昭元秘诀》中的相
关宗教理论，是以"回道对话"为形式的文化互动

图4-6　临夏街子索麻拱北砖雕堂心《百鸟朝凤》

---

① 周传斌，马文奎. 2014. 回族砖雕中凤凰图案的宗教意蕴——基于临
夏市伊斯兰教拱北建筑的象征人类学解读. 北方民族大学学报（哲
学社会科学版），（3）：101-103.
② 杨文炯. 二龙戏珠的文化象征——河湟民族走廊多元文化整合的隐
喻 // 苏发祥，祁进玉，张亚辉. 2012. 西部民族走廊研究——文明、
宗教与族群关系. 北京：学苑出版社，433.

的体现，亦重申了伊斯兰文化本土化、民族化的理论命题。①

可以看到，以上学术阐释深度探究了此现象的历史成因、文本来源，论述了中伊文明对话与文化整合的理论结构，可在此基础上继续追溯其符号内涵和文本生成的机制。仍需辨析的是，尽管这些图像的隐喻特征明显，但由于文本形式的根本不同，其只是部分地指向关联对象，语言逻辑相对松散、有限，意义结构则具有开放性，更多地指向历史化的、流动的、互动的意义生成过程，具有跨文本的互文性。同时，作为民俗与宗教双关的视觉文化传统，许多图像的运用具有显著的符号特征，其传达的符号所指往往被多元的文化意象所遮蔽，这些视觉意象与地域文化的发展、变迁存在非常复杂的文本互涉关系，并指向更广阔的文明传播与历史空间。

如果将拱北作为一个多层次的文本系统，则可以从语言符号角度逐层揭示其意义。从语言角度，其显然成为多重能指的聚集体，此种特点基于两个层次的共同作用，一是现实社会语言体系的复杂性，二是其历史文化所决定的语言谱系的混杂性。

在孤立的文本层面，图像、语言（差异的言语、方言）文字、景观各有其依据的知识谱系，亦包括由行业惯习形成的解释系统。如视其为更高层级的语言整体，则其文本内涵和组织系统（语言）会发生质量的变化，激发出特有的历史话语和现实意义，这是不同的宗教景观生成不同内涵的内在机制。简而言之，无论其形式的统一性或差异性如何，其独特文化性格的生成与其构成要素无关，而取决于在整体层面差异的语言系统。

相对于语言和文字，图像对于社会文化语境的依赖更为显著，和语言文字、情景、社会文化共同构成

---

① 周传斌，马文奎. 2017. 回道对话：基于甘肃临夏大拱北门宦建筑中砖雕图案的象征分析. 世界宗教文化，（5）：91-99.

更高层级的互文语境。基于此原理，拱北的景观、图像、环境、文字语言、情境（包括历史情境和即时情境）形成一个跨文本的互文系统。在此系统中，符号的构成、联想、隐喻共同完成视觉意象与互文语境的生产，而图像在此系统中承担了重要的语义中介，其功能不仅仅表现为异质文本之间的转译，亦具有突出的话语激发作用。

在此意义上，这些图像的所指并不一定对应明确的宗教内涵，而是依附于"拱北"这一文化空间和符号整体，并与所处的时代、地域环境以及建造者的文化观念相关，田野访谈资料也可以证实，许多拱北的设计并非依据宗教职业者的见解，而是更多依据施工者的设计惯习和审美心理。

此外，尽管这些图像的符号意义显著，但不能忽略其现实的社会文化因素。尤其是明清以降汉语言文化在西北民族地区的普及，其不仅成为各民族通用的交流语言，亦成为重要的文化认同因素。在此社会情境中，"语图互释"的符号意义已经在很大程度上转换为更具社会现实意义的"语图互动"。故就伊斯兰建筑的图像系统而言，其形式与内涵之间已经不是能指与所指之间的"意指"关系，而是以通用的语言文化为基础，在现实语境中生成的"表征"关系和意义生产。

二、图像修辞与符号表征

首先必须界定和关注的是，拱北图像具有强烈的视觉文化特征和传播效力，作为在中国传统文化和地域文化中深入人心、根深蒂固的视觉符号，这些图像在意义的接受上具有优先性，其对于文化的修辞效果远胜于其他文本形式，尽管伊斯兰文化力避用具象图案解释教义，但是其形式多样的视觉文化仍具有鲜明的文化修辞效果，并形成了具有视觉修辞意义的符号体系。

显而易见的是，拱北对于图像的选择更多地体现出对于地域文化语境的选择和适应性，并与中国民间文化的知识谱系存在更直接的关联，这一特点既取决于苏菲门宦的文化特质，亦受制于建筑装饰行业的惯习和知识体系。可以看到，作为民间工匠的作品，所谓的民间风格最适合于指称这些缺乏"风格"的民间造物，不能否定其契合民间审美和认知习惯的修辞效果。作为在特定文化场域中具有目的性的创作，其本身即是"拱北"这个文本的有机组成部分，也代表其思想方式本身，而不是附加于整体额外之物，因此不能被赋予脱离其本体语境的任何其他意义。基于这种普遍的事实，如果将拱北中的图像视作地域文化的视觉表征，则每一图像都具有母题的内涵，而诸种图像之间自然会呈现共时的意义关系，并生成具有象征与叙事特征的符号系统。

可以肯定的是，拱北的装饰图像与印度、波斯及中亚伊斯兰王朝盛行的伊斯兰艺术具有文化背景差异。基于相对特殊的文化传承，中国的伊斯兰文化并未将图像艺术的理念贯穿到其文化传播和宗教解释系统中，其使用大量中国本土图像，目的并非用图像传达或阐释教义，而是基于一种潜在的，且必需的图像修辞的需要，目的在于利用不同的信息载体和传播方式建构其本土化的文化表征。

基于视觉图像的修辞是一种跨文本的阐释，相对于同一文本类型的转译，其文本的整体性会相对减弱，尽管仍具有相互关联的能指，但是其所指会因信息载体和理解方式的不同转变为"多样性"的符号，并在新的文本形式中重新聚焦，生成新的文本意义。因此，这种跨文本的修辞并不能直接对应跨文本的所指，亦不能形成稳定的能指和所指的共时关系，与文字文本的语言逻辑相比，视觉文化修辞中意义的持续生成具有更复杂的文本互涉关系，并构成了更具历史性、活态性的对话关系。

从历史情况来看，中国伊斯兰教对于传统文化图像的借用是一个普遍现象，综合分析有以下几种方式，一是基于语言逻辑的图像置换，此种方式致力于地域文化语境中隐藏的重构其本原的意义所指；二是基于语音（谐音）的"音义"表征，此种方式隐含了文化传播的途径与痕迹，构成了异质文化之间情感沟通的基础；三是对于内涵的象征性借用，此种方式直接融入并参与地方性知识体系的构建（图4-7）。可以看到，不论何种方式，基于图像的文化传播均体现出鲜明的"在地化"倾向，亦不能脱离中国语言文化、图像文化的逻辑图式，这种方式与明清时期"以儒诠经"的文化互译在思维逻辑上如出一辙。可以看到，伊斯兰文化的底层知识基础与传播过程中与在地文化之间产生了复杂的互动与整合，宗教图像文本与文字文本的互涉、互释十分显著。

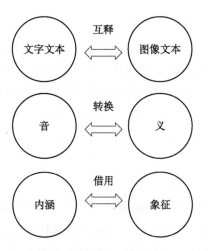

图4-7　拱北图像修辞逻辑图式

不可否认的是，从符号学视角来看，拱北文化是一个符号化的整体，文字文本、仪式和图像文本具有类似的语言修辞结构，均体现了从"像似"到"隐喻"的心理过程[1]，结合思想和身体的实践，实现了对伊斯兰教内涵以及其在地关系的表征目的。拱北中所有的视觉元

---

① 刘涛 . 2019. 亚像似符、符号运动与皮尔斯的视觉隐喻机制 . 教育传媒研究，（1）：11-13.

素均从普通民众易于识别的文化景观和民俗图像开始，通过一系列行动和多元的叙事方式重新建构其历史的、原初的文化内涵，其实质是用异质符号通过感知机制对共同"心象"的唤起。[①] 此外，作为开放的视觉符号系统，如果将其视为文化互动的对象，则观者对于此种图像的欣赏具有显著的"间性"特征，是一种从发现到重构的创造性心理过程，体现了"解释"与"理解"的内在统一性。[②]

因此，拱北中出现这些本土图像符号，并不能够直接对应为能指和所指的语言逻辑关系，而是基于文化的共同性，对元文化与地域文化关系的修辞化表征。

可以看到，基于修辞的语言活动以及以此为基础的交往活动是传播行为，也是文明传播的微观形态，体现为持续生成的符号体系，对符号广泛、互动的解释活动即文化意义的生成过程。由此可见，文化"转译""互释"只是一种现象，其实质是文化"修辞"的语言活动以及以此为基础的沟通和交往活动。在此过程中，其视觉形象的生成和蜕变，多元图像与心象的互涉共同修饰了其跨文化发展的合理性，并将修辞的灵感和能动性置于开放的文化空间中，在文化、文明、社会、民族的多元互动中生成新的意义。

---

① 胡易容. 2013. 符号修辞视域下的"图像化"再现——符象化（ekphrasis）的传统意涵与现代演绎. 福建师范大学学报（哲学社会科学版），（1）：60.

② 朱健平. 2006. 翻译即解释：对翻译的重新界定——哲学诠释学的翻译观. 解放军外国语学院学报，（2）：69-74.

第五章
拱北建筑艺术

第一节　建筑布局

拱北多采用东西向的主轴线布置，一般由前院、墓庐后部的金顶院以及其他附属院落组成，并有牌楼、大门、天井、照壁、长廊等设置。规模较大的拱北一般以组合院落的形式出现，各种不同功能的院落被串联成一组完整的空间序列，沿用了明清中式园林或四合院、三合院格局，其中重要的功能设置也比较接近。尽管拱北建筑在基本格局、建筑风格上与同时期佛教、道教建筑具有很多相似的地方，但是建筑功能设置和主体建筑风格还是有较大区别的。

苏菲派的修行方式主要以坐静（分大静与小静，持续天数不同）、冥想、念迪克尔（dhikr，颂词）为主。因此，除了伊斯兰教公共建筑必备的净房等设施外，还建有诵经殿、坐静室等特殊的功能性建筑。

拱北的主要建筑由大小多个墓庐及相应的附属建筑构成，其中以墓庐（八卦亭）为中心的前后两个院落是拱北建筑的核心，亦有在静修地修建的拱北只有享殿，没有墓庐。一些规模较大的拱北墓园由多个四合式院落（亦有简化为三合院的形式）构成，院落之间均由用砖雕装饰的月洞门或半圆门通过长廊、甬道连接（例见图5-1）。

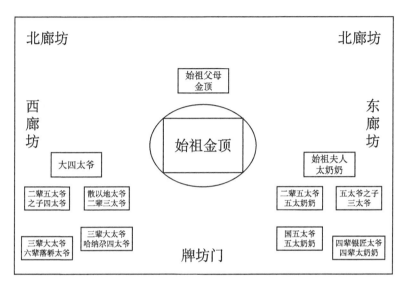

图5-1　毕家场拱北平面布置图

　　基于充分利用空间的理念和伊斯兰教社区密集居住习俗的影响，拱北建筑的内部规划设计通常比园林建筑或其他宗教寺院紧凑很多，甚至初看有局促感，但是仔细研究则发现其空间布置疏密有致，尤其可以用有限的空间和建筑体量传达宏大、充实的心理感受。

　　从规划格局来看，拱北建筑还多以建筑群的形式出现，即多个拱北按照传承关系联结成一个规模较大的建筑群，如大拱北和台子拱北、国拱北、古家拱北，榆巴巴拱北和太太拱北等均为连片式的建筑群。

　　从实际情况看，现有拱北建筑的规划和设计并无一定的规则和定式，而是主要依据特定的地理落差和地块形状进行规划，注重依势造境，这是其比较突出的建筑布局传统。

　　尽管拱北建筑在规划时常标新立异，但是都注重

"隐"与"显"的结合。隐匿于偏僻乡间的拱北常从远处即可看到气势恢宏的墓庐，有些甚至突兀地耸立于山头上，形成地标式的景观。城市中的拱北常坐落于拥挤的居民社区中，通向拱北的路径狭窄曲折。这一特点既传承了传统中式园林建筑曲折、含蓄、私密的设计传统，亦体现了历史上苏菲修行者隐逸避世的宗教理念，并符合传统伊斯兰社区密集居住的习俗。

第二节　建筑形制

一、主体建筑——八卦亭（金顶）

拱北中的墓亭（墓庐）是最具代表性的单体建筑，也是河湟地区伊斯兰建筑在发展中逐渐形成的特色建筑形制，民间一般称其为"八卦亭"或"金顶"。

新疆地区将墓园、大型墓庐和小型棺木统称为"麻扎"，墓庐均为下部立方体，上部覆盖阿拉伯建筑的半圆形穹庐顶结构。临夏地区将整个墓园建筑群称为"拱北"，墓庐多为砖木结构的亭式建筑，院内各种级别的墓庐和棺椁亦各有名称。

其中门宦创始人、首任教长或重要先贤的墓庐最为高大、华美，历代传承人、当家人、出家人（仅指嘎德忍耶门宦）的墓亭或墓庐相对较小，只是用砖石雕刻的小型"拱子"，常按照传承次序或辈分分区安置在拱北院内或专门修建的大型墓亭中。小型的墓庐都裹有"苫单"（彩色的锦缎），露天的墓庐通常用砖雕装饰、四面通透。

拱北中的多数墓亭都符合以下几种形制。

（一）塔楼式墓亭

塔楼式墓亭（图5-2左图）多以一座盔式攒尖顶的塔楼为主体建筑，形似"亭"和"塔"的结合体。

由基座、塔身和顶部重檐三部分构成，其中塔身和基座为砖石结构（新建者均为钢筋混凝土结构），是整个墓庐的承重部分。顶部覆盖琉璃瓦装饰，装置高耸、重叠的串珠（象征星月）和宝瓶。重檐为传统木结构，边数与下部的塔身对应，有四边、六边、八边之分。重檐为单层、二层或多层不等，其中以二层六边或三层八边较为多见，整体的层数和边数主要根据墓主人的宗教"品级"[①]而定。

（二）穹顶式墓亭

穹顶式形制的墓亭（图 5-2 右图）不多见，其基本构造源于中亚地区的圣墓建筑，以临夏市国拱北八卦亭为代表。其基座部分为四边形结构，顶部结构为阿拉伯建筑的穹隆圆顶，两者之间有单层或多层的房檐连接。从历史资料看，这一形制与清代国拱北一致，接近早期的拱北墓庐样式。

（三）混合式墓亭

混合式墓亭形制较为自由，甚至充满创意，例如毕家场拱北的 11 座小墓亭，阿拉伯式建筑的球形圆顶装置在中式歇山顶墓亭之上。又如康乐县的穆扶提西拱北，墓亭完全仿照天坛祈年殿的形制（图 5-3）。临洮县的穆扶提东拱北，则由一座宏伟的平顶殿堂式建筑[②]和顶部 8 个穹窿小墓庐（象征东拱北历史上的 8 代教长）构成，墓庐顶部覆盖绿色琉璃瓦，这一形制与杭州凤凰寺（始建于元代，明清时期重修）的设计思路颇为接近，并借鉴了新疆阿帕霍加麻扎的视觉意象。

塔楼式墓亭和穹庐式墓亭均为砖木结合的结

---

① 苏菲各门宦对宗教品级的解释并无同一个规则，多数依教内传承关系以及墓主的宗教奇迹（回族经堂语称作"克拉麦提"）而定，通常需达到"卧里"（阿拉伯语 Wali，原义为"近主者"）的品级。

② 据穆扶提门宦教内人士解释为借鉴了当代殿堂建筑的形式。

图5-2 塔楼式墓亭和穹顶式墓亭

图5-3 穆扶提西拱北八卦亭

构（图 5-4），其力学结构和装饰结构的结合较为紧密。重檐之间常用厚重的斗拱支撑，用华丽的梁坊、檩条、花牵板、雀替或挂落装饰连接。砖石墓亭的每一个立面均有砖雕堂心或精致的盲窗，须弥座亦常用繁复的砖雕图案装饰。此外，这两种墓亭下半部前方多与一个砖木结构的诵经殿通过甬道相接，形似抱厦（亦常见直接在墓亭内修建诵经殿的形制），这种结构融合了中国古代前堂后寝的陵墓制度，其在中国伊斯兰建筑中最早可追溯到广州的宛嘎斯墓。

拱北的诵经殿前一般有前廊，常从第二进开始被一道东西向的围墙分隔，后部与一个朝北方向的大型砖雕影壁相对，形成一个独立的院落，称作"金顶院"（八卦亭亦称金顶），多数园林式拱北均符合这种形制。由于空间限制，金顶院的空间通常较为局促，尤其是八卦亭后部和大照壁之间通常仅有一条狭窄的通道，但榆巴巴拱北宽阔的金顶院是一个例外。

图5-4 塔楼式墓亭塔身和基座

二、附属建筑

（一）诵经殿、礼拜殿、坐静室

除墓庐之外，附设的诵经殿、礼拜殿、坐静室、学堂、会客室、浴室、居室等建筑多为清式中国传统建筑形式，这些附属建筑一般为抬梁式大木起脊结构建筑，其中较重要的建筑，如诵经殿、礼拜殿、坐静室等多为卷棚式歇山顶或尖山式歇山顶，或者上尖山下庑殿的组合形式，檐下用精细的细木构装饰，所有建筑两侧廊心墙均有砖雕堂心装饰。

（二）牌楼、碑亭、门、长廊

传统的拱北尽管规模很大，正门入口一般都比较狭小，且偏离建筑群的主轴线，门后均有一个形似民居院落的天井，正对入口的一侧一般设有八字形砖雕照壁。一些近年新建的拱北则突破了这一习俗，如坐落在兰州市的灵明堂拱北高大的城楼式大门。此外，一些拱北门前或侧门前通常建有高大的三角牌坊或牌楼（图5-5），牌坊檐下均用一层至数层体量较大的斗拱支撑，以示拱北建筑的等级和规格，大门两侧地面均设置抱鼓石。当代许多牌楼又在斗拱梁枋以上附加多层重檐结构，形成多重带斗拱的歇山顶结构，以突出厚重的体量和气势。

需要注意的是，这种牌楼的做法在河湟地区的民间宗教建筑中极为盛行，故单凭建筑体的外观并不能区别其宗教归属。

院落较多的拱北内一般建有长廊，多建在侧门进门后，这种设置在其他宗教建筑中并不多见。如临夏市大拱北的侧门进入后有狭长的走廊，长廊两侧均有连续的砖雕堂心装饰（图5-6），其如今已成为当地重要的文化景点。

图5-5　灵明堂拱北牌楼

图5-6 大拱北砖雕长廊

三、庭院景观和绿化

　　除建筑形制外，庭院绿化和布置也是拱北的一大特色，除亲和自然的环境生态理念之外，这一传统符合穆斯林先民迷恋绿洲定居生活的集体记忆。[①]在文化层面，拱北庭院景观的营造亦隐含其隐修传统和天园意象。

　　城市中的拱北少有宽阔闲置的场地，一般大院中间均用砖石围砌花园绿地，与河湟地区穆斯林民居的庭院美化习俗相同。此外，拱北院内所有路边、台阶、围廊、影壁下均用花盆、假山、石块、鱼缸填充，花园里常密植牡丹、大丽花等花卉，院中路面按照河湟民居习惯用鹅卵石铺设（图5-7）。值得一提的是，多数拱北中都收藏和陈列盛产于甘青一带的黄河石和洮

---

① 董波.2008.伊斯兰"天园理想"及其在中国穆斯林造物艺术中的表现.苏州大学学报（工科版），（5）：6.

河石，这些形态各异、色彩斑斓的石块与江南园林中的太湖石有异曲同工之妙，也表现出强烈的地域文化特征，东乡县的石峡口拱北在大门内安置五色巨石一座，成为著名的文化景观。

与修建于闹市的拱北局促的空间不同，一些地处郊区和农村的拱北由于地形优势，场院比较开阔，亦致力于美化周边环境，植有大片树林和绿化带。庭院中的景观和绿化更加考究，常栽植名木花卉。如临洮县的穆扶提东拱北、康乐县的穆扶提西拱北建筑群均十分隐秘，周围密林环抱，须站在附近的山坡上才能窥见全貌。兰州市的灵明堂拱北则修建在市区北边五星坪的黄土台地上，周边绿化带建设完善，建筑群依地形高差修建，高低错落、装饰华美、体量雄浑，成为具有地标性质的景观文化。

图5-7　国拱北地面装饰

第三节　建筑特征与文化内涵

一、八卦亭的形态特征

在中国古典建筑体系中，以河州（临夏）为中心的河湟古建是一个十分特殊的地域流派，具有鲜明的地域风格。河湟古建"脊如高山，檐如平川"的风格特点在拱北建筑中十分突出（例见图5-8），此种低调奢华的风格与明清时期内地祭祀建筑和宗祠建筑有显著的文化关系，可以窥见多民族建筑文化的涵化与交流。

图5-8　和政县河滩拱北

一般而言，拱北建筑的总体结构和外部特征符合中式古建的规范，表现出中华传统伊斯兰建筑的共性特征，如北京牛街礼拜寺、西安化觉巷清真寺、杭州凤凰寺、河北定州礼拜寺、上海松江清真寺、天津清真南大寺、山东济宁清真东大寺等元明清伊斯兰教古建筑均体现了此种中-伊二元的建筑风格。

八卦亭是拱北的核心建筑，从外观上看，其样式同时具有亭式建筑和塔式建筑的特征，应属于二者融合衍生出的变体形式，其功能和内涵也兼具二者的特点。根据古建筑遗迹和文献资料推断，最初的八卦亭应为构造简单、形状各异的墓亭，这一形制在各拱北级别较低的墓亭上仍可见到，并可以从浙江杭州的元代伊斯兰教墓石亭、江苏扬州的普哈丁墓（重建于清乾隆年间）等古建筑上得到印证。

在明清官式建筑中，带重檐斗拱结构的多层、多边形亭式建筑十分常见，大到皇家祭祀建筑，如天坛祈年殿、沈阳故宫大政殿（称作攒尖宝顶），小到民间的钟鼓亭、碑亭、祭祀亭，其应用极为广泛。这些带有浓厚宗教性和礼制色彩的建筑影响了中国传统清真寺建筑的风格，故可以认为，八卦亭的基本形制应来源于亭式祭祀建筑。

八卦亭最具特点的建筑部分是其饱满的盔式攒尖顶，此种顶部样式在传统中式古建中多用于亭、阁或纪念性建筑，典型的盔式攒尖顶可见于湖南岳阳楼、四川云阳张飞庙、云南呈贡魁星阁等古建筑，河湟地区传统清真寺的宣礼塔（邦克楼、望月楼）亦属于盔顶建筑。相较于这些建筑的顶部样式，八卦亭的盔式攒尖顶造型更特殊，具有较强的可辨识力，故成为拱北的标志性符号。

其主要有如下几个特征：

A：边角样式有四、六、八边之分。

B：比一般攒尖顶高宽比更大，高度大于宽度。

C：剖面呈上凸下凹曲线，顶部至腰部几乎垂直。

D：檐角上翘更多，仰视呈飞翼状，即所谓飞檐翘角。

E：垂脊截面更高，装饰花纹繁复，常用镂空花饰。

F：顶上的宝瓶等造型更高耸细长。

尽管这种盔式攒尖顶的比例、曲度并无一致的规范，但是从剖面图分析（图5-9），其形状应为伊斯兰建筑球形、半圆形拱顶与中式古建攒尖顶的曲线结合。从视觉效果看，其显得庄严、厚重又不乏生动感，加上顶部较高的串珠状宝瓶，其整体既表达了传统伊斯兰建筑"高拔"的比例特征，又符合中式古建筑端庄、肃穆的意象，这一特点成为伊斯兰建筑与佛教、道教寺观建筑在感官上最大的区别，故成为伊斯兰建筑最具辨识度的建筑符号。

与河湟伊斯兰建筑中特殊的盔式攒尖形状相比，中国内地的伊斯兰古建筑，例如杭州凤凰寺的后窑殿三座攒尖式顶（元延祐年间修建，明清时期重修）、山东济宁东大寺后窑殿六角形攒尖顶（始建于明洪武年间，明清重修）、西安的化觉巷清真寺（始建于唐天宝年间，明清重修）宣礼塔的攒尖顶就更接近清式古建规范，并没有这种顶部的比例、曲线以及装饰特点，故其应为清代河湟古建筑艺人原创，并已形成了相对固定的范式。

从文献记载和民国时期传教士拍摄的拱北图像推断，此种样式至少在清中期形成，但是由于早期建筑多数损毁，故无法获知其连续性的演化过程。有一个值得注意的现象是，近代新建的盔式攒尖顶的中心部分愈见凸起，整体比例愈益高拔，相比之下，

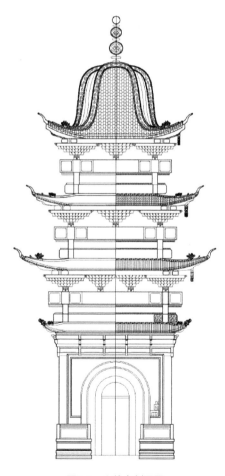

图5-9　八卦亭剖面图

20 世纪 80 年代修建的盔顶则比较低矮圆润，从这一趋势可以反向推断其演变过程。

关于此种顶部样式的产生，宗教界人士并没有提出明确的依据，但是参与施工的建筑行业人士则认为，任何样式的攒尖顶在建筑结构上都是一致的，此种盔顶的形状与阿拉伯拱形顶建筑有类似的视觉效果，主要源于一些客户的审美要求。此外，对于建筑主体高大突出的攀比心理进一步加剧了此种趋势，近年来，甚至一些佛道寺院和民间庙宇建筑也开始仿效这一形制。

除盔顶造型之外，飞翼状的檐角也是八卦亭建筑的重要特征。在明清官式建筑中，飞檐翘角是高等级建筑的重要表征，其在中国南方（尤其在四川、云南等省）古建筑中最为常见。八卦亭的飞檐翘角冲出量较大，有强烈的起飞感，除表示等级外，其轻灵夸张的造型亦可以平衡盔式攒尖顶的滞重感，是中国伊斯兰建筑美学的重要体现。

除八卦亭之外，拱北建筑的歇山、硬山或歇山庑殿混合式房顶均有比例高拔、屋檐上翘的特点。且不论何种建筑单元，包括影壁在内，凡顶部正脊上均设有宝瓶或金属球体①装饰，有些甚至横向多个排列，这也是河湟伊斯兰建筑的共有特征。

二、八卦亭的数理特征与文化内涵

在世界建筑史上，6 世纪在伊拉克和波斯兴起的拱顶建筑对伊斯兰建筑体系构成了深刻的影响。耶路撒冷圆顶清真寺（The Dome of the Rock，691 年落成）是伊斯兰首个拱顶建筑，其上部拱顶，下部多边形殿堂，尤其是金色的穹顶成为全世界伊斯兰建筑仿效的对象，其后发展成熟的伊斯兰建筑以高拔的比例，简约、流畅、大气的外观著称于世。同时，伊斯兰建筑艺术秉持了高度几何化、抽象化的理念，极为重视建

---

① 历史上的新月装饰起源于奥斯曼土耳其，后来传播到各伊斯兰国家。

筑体的数理内涵和几何特征，其显著的特征是方、圆相生，高、矮相济，1、3、6、8、12 等数理结构在建筑中被高度强化，并得到了广泛的应用。

与此相对的是，中国传统建筑表现出端庄中正的美学追求和自然亲和的生态理念。与伊斯兰建筑类似的是，中国古典建筑基于阴阳五行学说和周易八卦文化，亦处处兼顾建筑的数理特征，并形成了体系化的风水和堪舆文化。在中国传统道教建筑中，常运用阴阳理论为建筑堪舆选址，并将易经八卦的数理内涵应用于建筑结构，赋予其特殊的文化内涵，比较典型的建筑遗产是四川成都青羊宫八卦亭、大邑鹤鸣山道观八卦亭。

基于深厚的中华易学传统，明清时期的官方祭祀建筑尤为重视对于八卦数理的运用。以河南郏县文庙魁星楼（亦称八卦楼，始建于明神宗六年）为例，该建筑为二层八边形结构，根据清乾隆二十四年重修碑文《鼎建郏学文昌阁八卦楼记》中载："阙位而增益阙制矩为八卦，载以五行，叠作三台。"[①] 显而易见的是，这种风水数理与建筑礼制相统一的营造观念对民间宗教建筑的营造影响甚大。

作为中国传统伊斯兰建筑的经典形制，八卦亭建筑除传承了中华传统建筑的数理规范与堪舆观念外，亦显著地体现了诸多文明对话生成的形式内涵。从历史情况看，明清中国伊斯兰教翻译运动的文化互释不止在宗教理论层面建构了两种文化对话的基础，亦将一种特殊的文化交流图式渗透到了中国伊斯兰文化的发展中，并在此基础上呈现综合的文化生成图式。

大多数八卦亭的建筑结构呈三段式，即由带重檐、斗拱的盔式攒尖顶，多边形的塔体和基座三部分构成，其中顶部采用木构或砖仿木结构，塔体和基座呈多面体砖石或混凝土结构。除考虑承重因素外，结构上亦体现了东西方文化交融的特征，尤其是丰满

---

① 转引自张玉石 . 2019. 郏县文庙魁星楼所见建筑"双尺制"探析 . 文物建筑，（1）：57-64.

图5-10　胡门拱北的六角形八卦亭

的顶部造型与域外伊斯兰建筑的拱形和球形圆顶存在意象性关联。传统伊斯兰墓祠建筑通常为在方形建筑体上修建半圆形拱顶，而多数八卦亭仍沿袭了此种墓祠建筑的基本抽象结构，只是用顶部的亭阁式造型和重檐斗拱结构呈现了本土文化特征，塔身的窗孔也由阿拉伯式马蹄拱和多叶形拱改作圆形，内嵌六边或八边形装饰窗（图5-10）。

同时，八卦亭建筑四、六、八边的数理结构亦值得深入研究。如果进行细致地分析，则可见"八卦"一词与多数八卦亭的层数和边数并不对应。[①] 苏菲门宦的宗教人士对八卦亭的内涵解释不一，但是均认同其借用了中国传统文化的词语。从语言学角度思考，"八卦亭"虽然借用了中国传统建筑的语言能指，但其所指并不明确，而是指向更具历史内涵的文化空间。

在注重数理规范的伊斯兰建筑中，不同的边数与伊斯兰教的宇宙观和文化意象存在密切关联，但是基于伊斯兰教侧重"抽象"和"象征"的基本文化理念，其不应直接指向任何具体的事物或概念，其伦理化、制度化的内涵或可以超越数理结构的表象，指涉诸文明共同的宇宙观。故拱北对于"八卦"一词的使用并不能被简单理解为"能指"的借用，而是基于人类文化的共相实质，表征为更具普遍意义的文化生成图式。

三、八卦亭生成的文化图式

多数八卦亭的边数为六，基于前文中的探讨，"六"作为造物（包括自然造物和人工造物）的数理特征具

---

① 拱北中亦将边数较少的八卦亭称作"六卦"。

有同样的意义。在自然界中，苯与石墨的分子结构、龟壳、蜂巢等都呈现正六边形。刘致平曾提到"六边形"结构是中国伊斯兰建筑中常见的平面结构[①]，同时，此种六边形的建筑在伊斯兰世界亦有很多实例，如伊拉克巴格达的祖拜达（Zubayda）陵墓在平面布置上与八卦亭六边形带诵经殿的形制如出一辙。此外，部分苏菲宗教人士对于八卦亭的六边形特征有诸多神秘主义解释，因此，六边形的建筑造物事实上具有自然和历史、人文的多重内涵，体现了人类文明与自然形态之间的复杂关联与精神同构，故应基于文化符号的生成方式和思维图式展开分析，并以此阐释其内在的合理性。

美国逻辑学家皮尔斯（Peirce，1839～1914年）将符号划分为项、对象和解释项三元构成，并二次划分为情感、能动和逻辑三种意义解释项。[②] 作为文化符号，八卦亭具有互嵌的意义结构和多元的阐释维度，其符号结构不仅表征为差异文明和知识体系之间的二元逻辑，亦体现为中华文化场域中丰富的社会实践活动，故对于其解释不应局限于符号意义，而应关注其符号生成的中介机制，用三元符号结构表征其生成图式。

从历史情况来看，八卦亭形制的生成与多层次的文化传播、互动相关，与河湟民族社会的文化变迁同步。在此过程中，文化的差异与共性成为其符号两级，而理性的规制、创意的灵感、世俗的情感则相互交融，形成实践中介。在中国语言文化语境中，其符号解释项可被转译为神、形、义的三元解释模式，使其符号意义延伸至生活世界，生动地反映精神信仰、形态塑造、意义建构等三个维度的文化实践。

由图 5-11 中的图式可见，八卦亭是文明对话的符号表征，其视觉形态以中－伊文化交融的二元知识体

① 刘致平 . 1985. 中国伊斯兰教建筑 . 乌鲁木齐：新疆人民出版社，197.
② 张彩霞 . 2015. 皮尔斯符号理论研究 . 山东大学博士学位论文，96.

系为基础，从文明对话的两级展开，以丰富的文化实践为中介，在能动的文化修辞场域中生成。其文化意义在中华传统文化的传承场域中呈现，并随着文化语境的变迁渐次呈现于历史场景中，生动呈现了文化精神和造物实践之间微妙的符号关联。

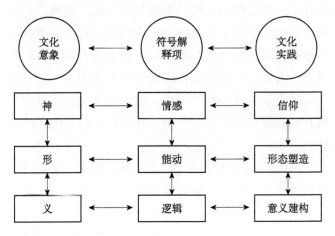

图5-11　八卦亭文化生成图式

第六章
拱北装饰艺术

第一节　装饰形制与规范

一、装饰形制和审美趣味

从社会视角看，建筑装饰既是审美习俗，也是生活习俗和行业文化。

河湟建筑装饰行业经常跨民族、地域设计施工，需要应对多民族文化趣味的客户，在此过程中借鉴融合了多民族装饰习俗，故养成了趣味混杂、创意性较强的行业习惯。此外，河湟民族社会的礼制观念相对松弛，对于建筑等级的僭越习以为常，尤其是庙堂建筑往往不拘官式建筑的规制，具有较大的随意性，形成了特有的文化趣味和审美风尚。

河湟民族建筑的突出特点是"重装饰、轻结构"，普遍青睐"砖"与"木"的装饰性结合，亦借此突出二者的工艺美感，这一习俗在拱北装饰中被进一步强化。拱北建筑装饰均以砖雕、木雕为主，砖雕主要用于影壁、门罩、墀头、博风、戗檐、廊心墙，木雕多用于檐下、斗拱、花牵板、门窗等部位（图 6-1）。

图6-1 灵明堂拱北八卦亭装饰

二、装饰图案

基于特定的文化习俗，拱北中的装饰图案总体遵循了伊斯兰教的图像禁忌，大致可分为抽象纹饰和具象图案两类，抽象纹饰多为十字、卍字、回字、万字等传统锦地，边角、线条装饰多用卷草、螭龙，与明清时期广泛流行的装饰纹样无异，具有鲜明的民俗特征，唯其密集装饰的趣味与佛教、道教庙堂建筑迥异，体现出特殊的文化品位。

与抽象图案相比，具象图案的使用更能体现拱北的文化特色。常用的具象图案以花卉、博古、山水、建筑为主，亦常用暗八仙、七珍、八吉祥①等道教和佛

---

① "七珍"为金、银、琉璃、珊瑚、砗磲、赤珠、玛瑙，来源于佛经。"八吉祥"为海螺、宝伞、宝幢、法轮、双鱼、金刚结、莲花、宝瓶，来源于藏传佛教文化。

教图案。此外，虽然清真寺装饰禁忌动物形象，但是龙、凤、鹿、狮子、蝙蝠、仙鹤、喜鹊等吉祥瑞兽的图案在拱北中却十分常见，甚至带有人物形象的图像也并不鲜见，尽管这些图像多置于边角且不雕琢眼睛，但是此现象在中国伊斯兰造型艺术中已属罕见。一般而言，八卦亭、诵经殿、大照壁等主要建筑物上的图像规范比较严谨，附属建筑的图像则比较随意。

阿拉伯文书法雕刻是伊斯兰教拱北重要的装饰形式，几乎所有的拱北中均装饰有阿拉伯文书法作品，此种雕刻有较强的装饰性，以曲线变化为特征，强调笔画的抽象空间构成，与域外伊斯兰建筑的抽象装饰图案有异曲同工之妙。这些书法雕刻与各类纹饰相映生辉，微妙地传达了伊斯兰文化意蕴。

山水和建筑图像在拱北中较常见，其类似中国传统山水画中的建筑界画，可见于照壁堂心及所有建筑的立面，多为山水掩映中的拱北图像，用于表现各门宦的道统关系，其内涵亦不局限于山水景物，而是通过在建筑空间中连续不断地铺陈形成隐含的叙事意味。

八卦亭及大照壁等部位的图像最为考究，常雕刻一系列具有特殊象征意义的图像，其源流复杂，涉及多层次的宗教、民俗文化内涵，既是苏菲宗教理念的视觉化呈现，又具有鲜明的民俗文化气息，苏菲派教内人士对这些图像有不同于民俗内涵的解释。

以《五老观太极》图像为例，在道教文化中，"五老"原指道教崇拜的五方神灵，亦称"五帝"，也是历代帝王祭祀的对象，民间风水师将此图像用于堪舆。民俗化的《五老观太极》为五位老者形象，拱北内的图像则由五棵松树和月亮构成，苏菲派教内解释为象征"清真五功"，并与苏菲修道士的修行观相关。

再如拱北中主要照壁的装饰中常见的《海水朝阳》《双龙戏珠》《百鸟朝凤》等图像，根据苏菲修行者的解释，这些图像各有其宗教内涵，均与苏菲理论或道乘修行（妥勒盖提）内容有关，但是苏菲派的功修理论因学派而异，教内传承亦讲求隐秘，故常言及不明。究其文献根源，这些图像确实与《昭元秘诀》等苏菲论著作中的神学理论和修行仪轨相关，并可以从各苏菲门宦的道统史中找到相关的根据，作为视觉化的文本形式，其与教内传承的神秘主义诗歌构成显著的互文。

嘎德忍耶学派大拱北门宦的宗教文献《清真根源》中载有如下诗句：

> 酒醉山中坐，酒醒金鸡叫，猛然抬头看，百鸟把凤朝，混沌一时开，明月当空照。

这些神秘主义气息浓厚的诗句蕴含丰富的中华美学意象，虽充满宗教隐喻，但是足以在现实场景中演化为丰富的视觉形象。

此外，各苏菲门宦对河湟地区十分常见的汉族民俗文化图像普遍认同，如《八吉祥》《暗八仙》《五福捧寿》《四季平安》《石生富贵》《十世同举》《一品青莲》《松鹤延年》《龙凤呈祥》《梅兰竹菊》等图案在次要建筑物上十分常见（表6-1），这些图案多使用汉语谐音寓意吉祥，内涵与汉族民俗文化无异。

表6-1 拱北中常见吉祥图案及构成

图案	构成
《八吉祥》（佛教图案）	海螺、宝伞、宝幢、法轮、双鱼、金刚结、莲花、宝瓶
《暗八仙》（道教图案）	鱼鼓、宝剑、花篮、笊篱、葫芦、扇子、阴阳板、横笛
《五福捧寿》	五只蝙蝠环绕，中心为寿字
《四季平安》	四只花瓶并列，各插有四季花卉
《石生富贵》	牡丹花生长在太湖石上
《十世同举》	太湖石、梧桐树、菊花

在所有的具象装饰图案中，以牡丹、葡萄和博古最为常见，这三种图案也因为其精湛的艺术表现力成

为临夏砖雕艺术的"三绝"。从表面上看，这几种图案与明清时期广泛流行的民俗吉祥图案并无不同，但是其广泛的运用则具有特殊的文化原因。尽管苏菲宗教人士将这些图案的使用归因于伊斯兰教的图像禁忌，即借用植物的谐音替代动物形象，但是仍可以看到其与地域文化传统之间的显著关联。作为文化层累的视觉文化表征，临夏地区悠久的花卉种植传统，多元交融的民俗文化，浓厚的商业氛围共同强化了其审美意象。

以博古图像为例，其多用博古架形式构图，用宝珠、铜钱、玉磬、祥云、双环、方胜、珊瑚、孔雀翎、芭蕉叶、鼎、灵芝、元宝、镜鉴、宝剑[①]、念珠[②]等器物组合构成，繁密的图案已经脱离了博古图案古雅、文质的传统意象，庞杂的内容成为河湟民族社会物质文化的映射（图6-2）。

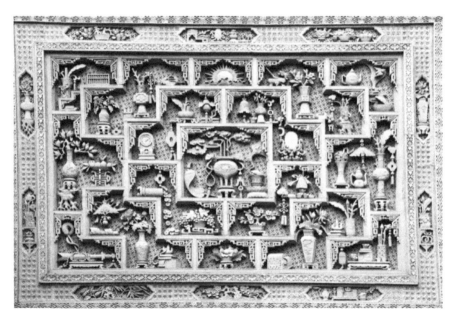

图6-2　河沿头拱北博古砖雕堂心

① 部分研究者认为宝剑图案象征伊斯兰教第四辈哈里发阿里，具有什叶派特征。

② 阿拉伯语称"泰斯比哈"，为苏菲派修道士念诵迪克尔时使用的计数器物。

综合分析，可以看到上述图案鲜明的文化谱系特征，其结构派生出民俗文化、宗教文化、儒家文化三个不同的文化谱系，符合拱北的文化多元性。根据其文化谱系和一般的象征意义，拱北中常见的具象图案可以做如表 6-2 所示的分类。

表6-2　拱北中常见图案的文化谱系及象征内涵

文化谱系	象征（母题）	图案（符号）
民俗文化	富庶、富贵、幸福	石头、梧桐、菊花、博古架、八吉祥、牡丹、葫芦、蝙蝠、鹿、喜鹊
	多子、繁衍、兴旺	葡萄、石榴
宗教文化	长寿、平安、天仙	佛手、花瓶、松树、仙鹤、暗八仙
	权威、赞颂、力量	龙、凤、念珠、镜鉴、狮子、宝剑
儒家文化	清廉、德行、文质	荷花（莲花）、竹子、兰花、梅花

表 6-2 中的文化谱系既是图像系统，也是词语系统，二者的关联生成特定的文化语境，亦构成了以"象征—符号—语言"为结构的表意系统，其意义涵盖了宗教、民俗、工匠传统等诸多内容。

三、色彩规范

当代中国西北地区的清真寺建筑多用蓝绿色调装饰，这种色彩倾向一度成为文化标识。但是从历史情况看，并没有依据可以证明中国伊斯兰建筑在用色方面有特殊的文化偏好，其对于色彩的运用常因时代和地域不同而丰富多元。以北京牛街礼拜寺等明清古建筑为例，其彩绘符合清代建筑彩绘普遍的用色习惯，大量使用红色、绿色等对比色调，色彩反差十分强烈。从文化传播的角度分析，近代清真寺建筑对蓝绿色调的偏好应受到了西亚、中亚及中国新疆地区宗教建筑的影响，如喀什艾提喀尔清真寺柔和的黄绿色调，阿帕霍加麻扎蓝绿色调的彩釉砖装饰。此外，中国传统清真寺建筑多用砖雕装饰，其沉稳质朴的色彩与明清汉族士商阶层的审美习惯有密切的关系。

　　与清真寺相比，拱北的装饰色彩更趋多样化，并无统一的规范，常因学派、地域或施工团体不同而变化。嘎德忍耶学派在甘肃临夏、四川北部、陕西南部的各拱北用色相对比较朴素，以青砖和清淡的木本色为主（仅指八卦亭、静修室和诵经殿等主要建筑，附属建筑亦常用彩绘），此特点既符合其学派追求出世的宗教心理和静修传统，亦反映了近古士商文化对审美的影响。此外，甘、青交界地区的甘肃省积石山县，青海省民和县、循化县、化隆县一带的清真寺、拱北习惯用木本色装饰，与当地藏族、土族、撒拉族居民的装饰习惯类似，应属于地域文化习俗。但是，同一地域的某些建筑亦常用彩绘提升规格，故此装饰习俗体现了明清建筑等级制度在地域民族社会的遗风。

　　与此不同的是，虎夫耶学派的许多拱北的装饰色彩则十分鲜明，显然突破了宁静素雅的色系，甚至充满含蓄而内敛的激情，这一倾向在毕家场拱北和穆扶提拱北中表现得尤为明显，从历史记载来看，此种用色习惯似有历史渊源，著名的"华寺"门宦即因在清初使用富丽堂皇的彩绘装饰清真寺而得名。

　　从配色习惯上分析，当代拱北建筑的用色显然折中了这两种倾向，较少使用汉族寺庙道观彩绘的正红色，一般用较含蓄的中黄色或土红色代替，但是蓝色、绿色、黄色的使用比传统清式彩绘浓烈，色彩的活力和情绪感召力亦十分突出（图6-3）。这种色彩偏好显然受到了热贡建筑彩绘风格的影响，并从视觉层面呈现了文化交融的多元审美特质。

图6-3 沙沟门拱北彩绘照壁

第二节 砖雕装饰

一、砖雕影壁和堂心雕刻

砖雕影壁是拱北建筑装饰的一大胜景，临夏地区将其称作"看墙"，无形中突出了其重要的装饰功能。一座拱北的立面装饰通常由形制各异的影壁组成，拱北入口处常设置八字形照壁，均用砖雕堂心装饰。大门内及每一院落的连接处设置天井，其正对大门的照壁通常用莲花或博古图案砖雕堂心装饰。与普通民居不同的是，拱北影壁的形制更为多样，既可以单独设置，亦可与门楼、墙体连接为一体。

　　砖雕照壁有其固定的程式和做法，由上至下，由顶、檐下装饰、堂心、基座四部分构成，其中堂心雕刻是照壁装饰的核心和精华。一座照壁基本上集成了所有常见的装饰构件，均成为砖雕艺术施展技巧理想的平台。河湟地区的砖雕照壁各部分有业内通用的名称，部分名称与内地影壁建筑并不通用。

　　拱北中最复杂和宏伟的照壁通常位于八卦亭的正后方，堂心以《五老观太极》《百鸟朝凤》《带子上朝》《海水朝阳》等图案以及阿拉伯语经文和赞词最为常见。此外，八卦亭的塔身和基座的每个侧面均用砖雕堂心以及繁杂富丽的砖雕线条装饰。

　　早期河湟地区的照壁堂心常不雕饰图案，而用"磨砖对缝"进行简单装饰，此种质朴的早期照壁形制在老拱北中尚有保留。近年来新建的砖雕照壁普遍流行华丽的堂心图案，其稍显烦琐的视觉效果迥异于传统，趋向于追求密集奢华的趣味。如果仔细观察，此种追求密集的理念同时体现在平面布置和立面装饰，与伊斯兰建筑装饰"恐惧空白"[1]的习俗和趣味暗合（图6-4）。

　　除了紧凑的平面布局，拱北突出的特点是所有的围墙立面均用连续不断的堂心雕刻填充。此种装饰手法在大型拱北中较为常见，连续的砖雕堂心

图6-4　灵明堂拱北立面砖雕装饰

①"恐惧空白"（horror vacui）为一些西方艺术史学者的理论，从宗教人类学角度解释了伊斯兰装饰艺术烦琐密集的装饰风格。

远看有质朴恢弘的视觉效果，近看则纹饰华丽，内容丰富，颇具叙事意味，是拱北极具特色的装饰形式。

二、砖雕月洞门

在世界多个文化体系中，"门"作为一种通向胜景或秘境的入口，均具有深刻的哲学和心理学内涵。拱北中除大门之外的所有过门均为半圆形拱门或月洞门，门楣常用复杂的葡萄砖雕装饰。葡萄在汉族民俗文化中象征"多子"，但是其被广泛用于门饰则为河湟伊斯兰建筑所特有，除满足审美需求之外，应考虑信仰伊斯兰教民族的集体记忆以及宗教典籍中的天园意象。

三、砖雕檐下装饰

作为纪念性的墓祠建筑，多数拱北的装饰力图突出奢华感，并借此营造一种"高门世家"的感受。拱北牌坊门、照壁以及八卦亭的檐下部位广泛使用砖仿木装饰结构，这些砖仿木装饰兼具力学结构和装饰的双重功能，常突破中式古建的形制规范，形成了一种新的建筑装饰风格，并得到了许多当代建筑学家的肯定。

在中国建筑文化中，斗拱是一种很具体的等级符号。砖雕斗拱在拱北的高级别建筑中被广泛使用，其中不乏一些夸张和奇特的斗拱形制。从历史情况看，斗拱的运用在明清时期的官式建筑中有严格的规范，大量使用斗拱成为社会等级和世俗权力的表征。除牌坊上部起支撑作用的斗拱之外（牌坊的多层檐体之间常用斗拱作支撑），照壁和建筑檐下的砖雕斗拱多数情况下仅具有装饰作用。

除了砖仿斗拱外，砖雕花牵板的大量使用为河湟民族建筑装饰的一大特色，即本来使用横拱的地方用透雕的花板代替，这种来自抬梁式木构建筑的做法产生了丰富的装饰效果，拱北中八卦亭、影壁、殿堂建筑的檐下多使用此种形式进行装饰，并演化出丰富的变体形式。早期砖雕花牵的做法多为简洁的"贴牵"，而近代建筑中则多使用更为复杂的"悬牵"结构，多层出跳的砖雕花牵板凸显了河湟民族建筑繁复细密、富丽堂皇的装饰特色（图6-5）。

图6-5　砖雕檐下装饰

临夏地区的回族建筑艺人将非结构功能的装饰统称"牙子"，并根据豪华程度划分等级。据砖雕和建筑艺人口述，这种檐下装饰的做法分为"踩子（加斗拱）牙子""透空牙子""掌掌牙子"三个等级，而其中的掌掌牙子（即"描檩花牵"）的做法极为盛行（图6-6）。

图6-6　河沿头拱北木雕"描檩花牵"

四、脊饰

拱北的建筑脊饰最能体现临夏砖雕中"捏活"的艺术特点，拱北建筑的脊饰形制夸张，多为镂空的植物图案，这一形制也影响了河湟地区多民族的庙堂建筑。

拱北建筑房脊上的兽头一般很少引人注目，但是却有其规范，传统汉式古建所用的系列神兽一般很少采用。较古老的建筑正脊一般无鸱吻，使用鱼尾兽。20世纪90年代以后新建的建筑则多无脊兽，多用体量较大的砖雕花饰替代，但是亦有以上形制同时出现在一个屋顶上的情况。

檐角装饰中荷花头、菊花头、莲头角帽、翘角、凤尾翘等形式十分常见。房顶、塔顶的宝瓶装饰通常有3层或5层之分，有些保持了中国传统建筑的宝瓶形状，有些则被替换为金属制作的连串星月球状装饰（多见于礼拜殿或大型照壁）。个别拱北照壁的正脊上，如兰州的灵明堂拱北（属嘎德忍耶学派，与大拱北无隶属关系），鸱吻、龙、狮等图案俱全。

屋脊的砖雕"捏活"本来属于临夏砖雕的绝活之一，但是近年来由于环保工作的需要，临夏地区大量青砖窑被关闭，本地古建单位常从外地定制屋面瓦和脊兽，致使本地从事脊兽捏塑的工匠越来越少，甚至有技艺失传之虞。

第三节　木雕、彩绘与彩绘雕刻

一、木雕装饰

从临夏地区的手工艺传统来看，从事木雕行业的多为汉族艺人，其中最著名的是永靖县白塔寺乡的木雕世家，回族匠师较少涉及。当代临夏木雕的工艺和形制与砖雕多有近似之处，其相互影响显而易见。

拱北的附属建筑通常为卷棚式屋顶，檐下、门窗使用精细的木雕装饰，这些木雕装饰的形制与砖雕大体相同，只不过在平枋和额枋上使用彩绘装饰，其中花牵、梁枋、花墩、雀替、圈口、斗拱等结构和装饰形式均为木雕和砖雕共用。

纯粹的原木结构建筑多见于青海省民和县、循化县和甘肃省临夏回族自治州的积石山县，这些地区无论民居建筑还是公共宗教建筑均习惯使用大量木雕装饰，尤其青睐复杂的镂空图案，刻意突出繁密丰富的审美趣味，积石山县的高赵家拱北是这种木构营造拱北的典范。

根据木雕艺人的讲述，此种趣味除受到了藏式建筑装饰的影响之外，其与技术条件的改善也有重要的关系。旧时木雕使用的刀具多由本地铁匠加工，钢材较差，难以雕刻复杂细致的图案且不耐久，近年来雕刻工具的性能大为改善，加上一些技师赴南方学习先进雕刻技术，使其整体风格发生了很大的变化。值得一提的是，为了与木雕繁杂细密的风格相匹配，砖雕行业也开始盛行此种风格。因此，除文化传播和审美因素之外，技术进步和行业文化相袭也是艺术风格变迁的重要原因。

拱北建筑使用的木雕图案与民居差别不大，具象图案多为花卉和植物纹样，抽象图案多为旋子、云子、别子、万字、回纹、西番莲等，其中四方连续的"万字不断头"图案备受青睐。比较有特点的是大量阳面线条的运用，其中苞叶、瓣玛（来自藏语音译，意为莲花）等图案多用于佛塔或须弥座装饰，亦常见于藏式建筑。

此外，拱北的装饰材料和形式常表现出较大的自由度，这种对材料的灵活使用与传统古建不同，表现出浓厚的民间文化气息，近年一些拱北建筑常将砖雕、木雕与金属、玻璃装饰相结合，装饰效果亦新颖不俗。

（一）描檩花牟

河湟地区古建的檐下木雕装饰大量使用"花牟代拱"结构，其中描檩花牟的大规模使用最能体现拱北的檐下装饰风格（图6-6）。描檩花牟在砖雕和木雕装饰中均大量使用，形制大致形同，在砖雕行业被称作"掌掌牙子"，为装饰构件，基本不具有结构作用。

从现存的建筑遗存来看，描檩花牟的装饰形制起源于清代，但是亦有研究者认为应发端于明代。[①]此种在清代官式木作中被称作"挑檐檩"的装饰构件实际是斗拱结构的变体和简化形式，所不同的是比斗拱结构更具有进行复杂装饰的空间，一般来说，描檩花牟结构多用于没有斗拱的檐下装饰结构，但是亦有重要建筑使用斗拱和描檩花牟相结合的形式，被称作"踩子牙子"。花牟下部的平枋、瓣玛枋、额坊（临夏地区称"檐牟"）则多施以彩绘，檐檩、平枋、额坊之间多由荷叶墩连接，荷叶墩的造型也十分丰富（图6-7）。

图6-7　灵明堂拱北门楼木雕檐下装饰

① 程静微 . 2005. 甘肃永登连城鲁土司衙门及妙因寺建筑研究——兼论河湟地区明清建筑特征及河州砖雕 . 天津大学硕士学位论文，150.

由于描檩花牵的广泛使用，拱北的木雕和彩绘有了更多的施展空间，木构斗拱的横栱位置均用于装饰，每个突出的鹁鸪头之间常用连续的多层次透雕花板装饰。当然，此种装饰结构不仅用于伊斯兰建筑，亦广泛使用在河湟地区宗教建筑和公共建筑中，但在其他地区古建筑中罕见。

（二）花牙子

花牙子是广泛应用于古典家具和细木工装饰中的角饰物，河湟民族建筑中所说的花牙子、柱牙子或者挂落相当于传统古建中的雀替，只是其较为单薄，没有雀替的力学作用。拱北建筑上常用的雀替形状显然融合了一些伊斯兰建筑的元素，不但面积较大，且常为连续不断的"骑马雀替"或者开有火焰形开口的雀替，临夏当地称作"圈口牙子"和"支口牙子"，均使用图案繁复的透雕手法装饰，纹样十分自由，动物形象常见。有些拱北建筑檐下柱间的木雕牙子亦为《二龙戏珠》《百鸟朝凤》等图案，几乎看不出图像方面的禁忌。

（三）门窗装饰雕刻

拱北建筑的门窗装饰与河湟地区民居建筑装饰的风格基本一致，以土黄、橙色、红褐色等暖色为主，门窗的透光区域均用木质的透雕窗棂木格装饰，图案以植物纹饰居多，形制较南方窗饰简约，门的下半部遮光区域通常绘制色彩简约的彩画，图案常为上山水、下博古。

比较有特点的窗式是八卦亭侧面的八卦窗，多为六边形，窗套常做成带有复杂线条和角饰的砖雕堂心形状，圆形窗孔内镶嵌多边形的窗体，外圈为蝙蝠图案，核心部分为透雕的寿字图案，构成《五福捧寿》图案（图6-8）。

图6-8　大拱北八卦亭窗饰

（四）牌匾与楹联

所有的拱北建筑，包括八卦亭、诵经殿、静室的檐下均挂有牌匾，重要建筑的门侧设有楹联。这些牌匾和楹联的文字多为竣工纪念时各门宦拱北或信徒、建筑单位所赠，亦有不少历代政府颁赐的牌匾、名家书法和题记，是中国传统伊斯兰建筑共有的文化习俗。

拱北重要的建筑檐下常悬挂多幅匾额，如嘎德忍耶学派大拱北诵经殿内匾额为"众望所归"，左右楹联为"真性超矣包罗万理天，清命显然映彻千秋月"。国拱北八卦亭院门上方刻"保国为民"，左右楹联为："真诚难真要真需万缘皆空，清岂易清欲清需一尘不染。"河沿头拱北八卦亭檐下匾额为"体仁"，太太拱北诵经殿檐下匾额为："一洗尘心""真谛一脉"。川心拱北诵经殿檐下匾额为"正大至中"，左右楹联为："缘其师意成己成人穆善行，世守贤庭明哲隐功传道统。"

虎夫耶学派的毕家场拱北八卦亭檐下匾额为："无妄性真""妙合源真""道贯古今""至道无为""源至造化"，大门两侧用中阿两种文字砖刻楹联为"惟妙笔乃能装修两世"，华寺拱北八卦亭檐下匾额为："大化归真""真一还真"。

这些匾额的内容初看儒道文化气息浓厚，措辞儒雅而达义理，细看则蕴含苏菲特有的宗教哲学理念。这些中华传统文化意味浓重的词句既体现了文明对话的共相特质，亦成为伊斯兰教中国化重要的文化表征。

二、彩绘

刘致平在《中国伊斯兰教建筑》一书中曾提到西北地区伊斯兰建筑中常用的"大兰点金"彩画[①]，但是这一形制在当代的拱北中已不多见，但仍流行于河湟

---

① 刘致平.1985.中国伊斯兰教建筑.乌鲁木齐：新疆人民出版社，187.

地区的古典园林建筑。

从现实情况看，内地传统伊斯兰建筑的彩绘形制更合乎古建筑规制。相对而言，河湟地区伊斯兰建筑的彩绘民间气息浓烈，其风格常随地方审美习俗变化，如靠近藏族生活区的拱北彩绘常设色浓烈，藏族热贡艺术和汉族民间艺术的交互影响十分显著（图6-9）。

20世纪末修建的拱北多沿用清式古建的彩绘风格，图案可施用于所有檐下装饰部位，但更多用于平枋、额枋等位置。主要建筑物上和玺彩绘少见，大多为带有箍头、枋心画的旋子彩绘和苏式彩绘的结合体。枋心画分为两种，一种为常见的山水花鸟，内容与汉式建筑无异，另一种为伊斯兰建筑特有的阿拉伯语经文和赞词。总体来看，这一时期的拱北彩绘并无定式，其中以黄色、褐色为主的素式彩绘较有特色，这种彩绘和檐下木雕装饰的设色一致，有时亦在黄褐色的基础上淡施金色或绿色，此种彩画在甘、宁、青地区伊斯兰建筑中较为常见，尤其多用于八卦亭等重要的建筑体。

21世纪以来，东乡县、康乐县一些新建拱北的彩绘工艺开始推陈出新，发展出不同的艺术趣味。这些彩绘常结合密集的雕刻图案，设色大胆、和谐，广泛使用较抽象的花草变体图案，装饰感很强，风格极富民族性和创新性。

此外，近年临夏地区的部分伊斯兰建筑上开始流行用有限的几种冷灰色构成的彩绘，据称为康乐县一带的回族匠师首创，这种彩绘风格和砖雕的色彩搭配极为和谐，堪称河湟伊斯兰建筑装饰的创新。

（a）

（b）

图6-9 拱北彩绘木雕

三、彩绘雕刻

根据口述史的描述，临夏地区用水泥直接捏塑砖雕的创始人是民国时期著名的回族砖雕大师绽成元，而在现代一些拱北建筑中，这种水泥捏塑的工艺更被施以绚丽的色彩，形成了具有独特艺术气息的装饰方法。

从历史情况看，彩绘雕刻装饰在中亚、西亚地区的传统清真寺建筑中较为常见，在中国传统清真寺建筑中亦不乏先例，但是为了与中式建筑的外观相协调，这种装饰通常用于清真寺礼拜殿内部的圣龛装饰，应用于建筑外观则不多见。此外，此种水泥捏塑与广东地区常用于建筑装饰的"灰塑"技艺十分相似，故应考虑是民国时期沿海巴洛克风格装饰造成的影响，在临夏市东公馆、蝴蝶楼等民国建筑群上亦可见到。

根据了解，此种施以彩绘的水泥捏塑由康乐县的回族艺人于20世纪80年代首创并应用于临夏市的毕家场拱北和东乡县的沙沟门拱北。由于其工艺简单、造价低廉，且效果十分炫目，更可以同时解决结构和装饰的问题，故很快在临夏县、康乐县、东乡县、临洮县等地的清真寺和拱北建筑上大量应用。近年来，一些佛教寺庙也开始应用这种装饰方法，只不过汉族彩绘艺人使用的红色颜料过多，效果不如伊斯兰建筑上的蓝绿色调和谐（图6-10、图6-11）。

一些拱北的水泥捏塑和彩绘装饰达到了很高的水准，八卦亭和照壁的装饰图案用极富立体感的繁密图案捏塑，同时用金色、蓝色、绿色等伊斯兰风格浓重的重彩描绘，这种新兴工艺与传统的素色砖雕交相辉映，传达出一种极为新颖奇特的艺术效果。这种装饰形式的优秀范例有临夏市毕家场拱北八卦亭、东乡县沙沟门拱北彩绘照壁、康乐县穆扶提西拱北大照壁（图6-12）。

图6-10　康乐草滩拱北彩绘影壁

图6-11　穆扶提东拱北
《海水朝阳》影壁

图6-12　穆扶提西拱北彩绘影壁与阿拉伯文雕刻

第四节　习俗、规范与文化认同

对于建筑而言，装饰并非附属物，而是其文化内质的外化和延伸。相对于结构和规制严谨的官式建筑，地域性建筑流派借由装饰提升其规格既是文化需求，也是由物质基础决定的行业习俗，更是联结生活世界的修辞策略。相对于具有力学作用的建筑结构体，虚拟的装饰结构打开了更广泛的视觉文化向度，包容了更丰富的叙事内涵，亦使其语言内质显化于社会行动的场域。

在河湟地区，不论伊斯兰建筑、藏传佛教建筑还是汉族的寺庙道观，其装饰形制、装饰手法、审美倾向存在鲜明的趋同性。除伊斯兰建筑之外，道教建筑装饰亦不用人物图案（造像除外），本地的砖雕和木雕匠师亦不擅长雕刻人物，这一特点既与伊斯兰文化在河湟民间广泛的影响力有关，亦间接体现了建筑装饰行业的跨文化特征。

与此同时，尽管文化习俗趋于同质，拱北亦通过一定的方式表达其特有的规范。不同于佛教、道教寺庙讲求对称或双数的数理习俗，拱北中的物品常设置为单数，如香炉常为 1 只或 3 只，点香亦取单数，其符合伊斯兰教讲求"单一""独一"的文化习俗。

此外，繁华的植物花卉雕刻、古雅的器物、不留空白的密集装饰构成拱北典型的视觉文化意象，这些具有象征性和修辞意味的文化符号含蓄地表达了其本原文化特征，河湟民族建筑轻结构、重装饰的习俗则进一步强化了拱北建筑"隐"与"显"互动的文化特征。在此，文化共性与差异性转化为文化趣味和艺术气息，体现了艺术实践对文化传承场域重要的建构作用。

从实际情况来看，拱北的装饰习俗并不直接指涉宗教内涵，而是遵循地域社会共有的文化习俗，并根据具体使用的场合和部位灵活运用。除隐含的文化禁忌之外，拱北装饰与其他宗教建筑装饰最大的差异并不在于内容或题材，而在于审美趣味，其更注重建筑布局、建筑形式、装饰形式、装饰图案共同营造的感觉氛围和文化气息。

总体而言，拱北建筑装饰并不刻意突出其族性或者差异的文化性，而追求文化的沟通和情感表现力。与佛教、道教以及基督教艺术相比，其表现方式趋于隐喻、象征和文化修辞，更多体现了文化理念和审美情趣的直接流露，这一特点既隐含伊斯兰艺术的抽象精神，亦融入了中华意象造型体系的心理内涵，凸显了文明交融的文化特质。

第七章
田野考察与口述史

本书的田野调研工作持续了多年，旨在从文化观察者、参与者的多重视角对拱北的历史发展获得全面的认识。调研工作始终以探究"人"与"社会"关系为中心展开，并将此种关系置于社会文化变迁的历史形态和社会功能场域中展开分析，突出了拱北建设者亲历的文化变迁，并由此映射物质生产和精神生产互动的社会文化结构。

第一节　两座新建拱北的田野考查

临夏县枹罕镇街子村有两座毗邻相望的新建拱北，分别为街子索麻拱北和川心拱北，同属嘎德忍耶学派大拱北门宦。与地处闹市的大拱北建筑群不同，这两座拱北地处僻静的乡间，周围环境优美静谧，极为适合修身养性，且建筑规格和装饰水平均属上乘，属于比较传统的拱北形制。由于河湟地区民间古建装饰工程均不绘制详细的设计图纸，故笔者对这两座拱北的主要建筑进行了测绘。

一、街子索麻拱北

（一）街子索麻拱北简介

"街子索麻拱北"位于临夏县枹罕镇街子村，隶属于嘎德忍耶学派大拱北门宦，为大拱北门宦创始人祁静一静修之地。赵玉芳为大拱北门宦第 10 辈出家人，擅长阿拉伯文经字画，为临夏回族自治州非遗项目"河州经字画"代表性传承人。拱北由前后两院组成，前院为拱北，有静室、礼拜殿、八卦亭（为木构抬梁式建筑，未修八卦亭），后院为"中阿书法研究院"办公室，建有 2 层展厅 1 座，用来陈列赵玉芳及协会会员书法作品。

拱北占地面积 17 亩，北侧为兰郎公路，东侧为枹罕镇街子村，西侧为农田，形制为比较传统的中式古建（图 7-1）。建筑装饰以砖雕为主，木雕装饰均为素色彩绘，格调比较素雅，大照壁堂心为赵玉芳书法作品（图 7-2）。

图7-1 街子索麻拱北

图7-2　街子索麻拱北阿文书法砖雕照壁

（二）采访出家人赵玉芳①

采访者：赵先生，请您介绍一下拱北的情况。

赵玉芳：索麻静室是祁静一师祖的静修之地，从康熙年间至今，换了十几辈先贤（当家人），这些先贤分别有周永鼎、周永泰、周世信、周启芳、拜世礼等。宗教政策落实后，由第九辈道裔马世禄主持。他生前培养了十位弟子，分别是赵玉芳、周贵芳、妥明芳、杨慧芳、杨正芳、杨兴芳、拜智芳、陈志芳等。索麻是静室的意思，静室就是大拱北的先贤祁静一师祖的静修之地。街子索麻拱北是在康熙年间修建的，祁静一师祖去世后，他的遗骨在大拱北，这里是他生前静修之地，所以这个拱北叫街子索麻。静室在北面，西面是清真寺，再往外是砖洞门、大照壁（图7-3）和大门，旁边是我师傅马世禄的墓。马世禄是世字辈，我们是芳字辈。马世禄师傅生前重修了街子索麻，后面由我们的师弟陈志芳再次重建了街子索麻。重建之后，前院属于拱北的地方，后面这栋楼去年成立了一个临夏回族自治州"中阿书法研究院"。

---

① 采访人：牛乐；受访人：赵玉芳（1969～），回族，临夏大拱北出家人；采访地点：临夏县枹罕镇街子村街子索麻拱北；采访时间：2014年10月。

图7-3　街子索麻拱北立面砖雕装饰

（三）街子索麻拱北建筑立面装饰测绘图（图7-4）

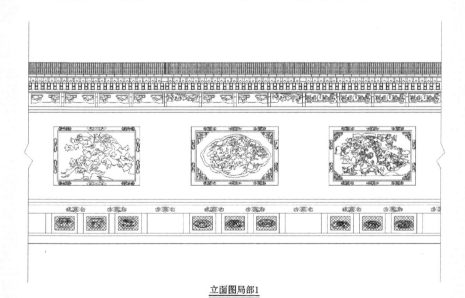

立面图局部1

（a）

图7-4　街子索麻拱北建筑立面装饰测绘图

正门立面图局部2

（b）

立面图局部4

（c）

图7-4　街子索麻拱北建筑立面装饰测绘图（续）

二、川心拱北

（一）川心拱北简介

川心拱北位于临夏县枹罕镇街子村，为清初苏菲传教士穆罕默德·社勒夫的纪念冢。据该拱北内部文献记载，这位传教士属于哪个学派无从考证，但因其曾与大拱北门宦创始人祁静一论道，因而被后人纳入嘎德忍耶学派，现当家人为大拱北门宦第十辈传承人妥明芳。

川心拱北为近年新建的拱北，截至考察结束其砖雕安装工程仍在进行（图7-5、图7-6）。砖雕工程由临夏神韵砖雕公司承包，设计者为著名砖雕艺人沈占伟，砖雕为质量很高的清水活（纯手工砖雕），雕刻工艺十分精湛，其高浮雕和透雕工艺堪为当代临夏砖雕工艺的典范。

图7-5　施工中的川心拱北

图7-6　施工中的川心拱北照壁墙

川心拱北的历史仅有教内记载，兹摘录部分内容
如下（川心拱北提供）：

川心拱北位于临夏县枹罕街子村。东临街子
索麻，北临兰郎公路，南临大夏河，西濒后杨村，
从北面俯视临夏城郊，皆属一马平川，而古枹罕
地可谓川之中心，为此，拱北得名为川心拱北。

据口碑史料传，墓主人是清代初期来中国的
传教士，名为穆罕默德·社勒夫，是一位云游四
海的苏菲家，品行高洁。他去世之后，人们在他
住过的地方修了座坟墓，以示纪念。

又传，清代年间，石头洼的商人们，途经华
林山时，遭到了抢劫，财物牲畜被洗劫一空，在
他们走投无路的时候，忽然来了一位童颜鹤发的
老者，询问商人们为何如此嚎哭，他们便把事情
的经过讲给老人听，老人听后便自告奋勇地说：
"你们不要哭，我会使其物归原主的。"老者走后，
他们将信将疑，到了晚上他们的财物如数被强人

归还，他们兴奋异常，执意要感谢老人，问其姓名，再三追问下，老人说："我叫穆罕默德·社勒夫，街子川心有三棵老榆树，那里便是我的家。"商人们经商归来之后，依照他说的去找，但那只是一个奇妙的显迹罢了。从此，商人们便集资在这里修一座简易的坟墓，派专人管理，供后人瞻仰。

第九辈道裔马世禄的弟子妥明芳谨识

2001 年 6 月 9 日

（二）采访川心拱北当家人妥明芳①

采访者：妥先生您好，请您介绍一下川心拱北的建造过程。

妥明芳：这个拱北是 1996 年开始修的，当时先修的是八卦亭，1999 年修的卷棚，2005 年修的牌坊和大门，2013 年修的砖雕。

采访者：那您这个门宦的每一个拱北都是自己进行规划设计的吗？

妥明芳：是的，都是我们自己设计的。

采访者：砖雕的每一个部位和图案都是您自己来设计吗？

妥明芳：都是我自己设计规划的，然后描述给工人。

采访者：每一个都不一样吗？

妥明芳：不完全一样。

采访者：那这个门的设计呢？

妥明芳：门是大家设计的，信仰这个门宦的人都可以参与。门里面是经文，是我们设计的。外面是汉文，是工人们设计的。

采访者：每一个朝向的门都不同吗？

妥明芳：是的，有些是清真寺的门，有些是拱北的门。

---

① 采访人：黑敏、刘津；受访人：妥明芳；采访地点：临夏县枹罕街子村川心拱北；采访时间：2014 年 10 月。

（三）采访川心拱北施工人员

采访者：听当家人说您参与了拱北的设计，我想了解一下在设计过程中，您是怎么考虑的呢？

木　工：这个要看具体情况，我们一直是做古建的，主要根据甲方的要求，我们先设计一个整体的方案。

采访者：大体的思路是根据他们（甲方）的要求？

木　工：是的。

采访者：那么细节都是您自己设计的吗？

木　工：一般是根据甲方的要求，大的方向他们决定，细节我们自己设计。我们一直从事古典建筑行业，用的都是这个方法，哪里有不合适的地方，双方商量着改进。

采访者：您在设计过程中，和砖雕师傅是如何协调的？

木　工：我们是木工，砖雕这方面是由神韵砖雕公司设计的，大致的设计方法都差不多。古建这块主要是靠老师傅传授给我们的图案，木雕和砖雕都一样，只是在这个地方做这种样式，另一个地方可能又做成另一种样式，主要还是看甲方的要求和喜好。

采访者：也就是说，会根据情况和经验来设计不同的样式？

木　工：是的。

（四）砖雕工程预算单

川心拱北的砖雕装饰由临夏神韵砖雕公司承担，设计施工均出自当代名家之手，工艺水平很高。总装饰面积641.6平方米，因合同签订时间较早（2009年），总造价为160余万元，每平方米均价约2500元，此价格仅为近期（2013年）相同规格砖雕造价三分之一。

（五）川心拱北建筑立面装饰测绘图（图7-7）

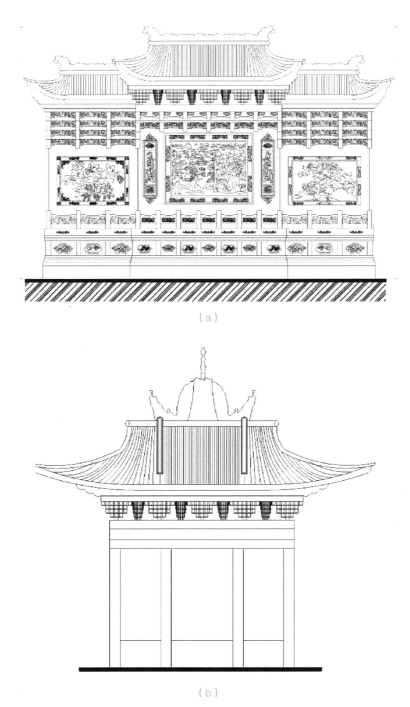

（a）

（b）

图7-7 川心拱北建筑立面装饰测绘图

第二节　老艺人口述史

一、绽学仁口述史①

　　传统的临夏砖雕和回族的清真寺、拱北刻的
花子不一样。藏族有藏族的风格，汉族有汉族的
风格，道教、佛教的砖雕花子又不一样，最明显
的区别就是在名词（意指文化规范、内涵）上的
区别。名词关键得很，名词就是在私人家要怎么
做，在公共场所要怎么做，在寺院道庙要怎么做，
每个系统（场所、教派）不一样，有图纸（专用
的图像）作依据。

　　回族的砖雕都是用东西代替人物，比如道教
的要用暗八仙图案，佛教的用琵琶、三弦等乐器
图案，回族拱北多用食品（瓜果）表现出来（代
替形象），比如石兽图、石狮子图都是用柿子、石
榴等水果图案来代替（取谐音）。清真寺是做礼拜
的地方，不放人物，主要是用各种各样的花卉来
代替。有些拱北里有飞鸟、人物，但是人物不雕
五官。

　　拱北里现在雕刻的花基本上都是外来品种，
以前都是梅、兰、竹、菊等老花卉，都有各自的
说法（寓意）。比如说莲花代表清，牡丹代表富
贵，花草、山水、树林都是可以随意雕刻的。一
般四季常青这个题材的拱北和寺庙道观都可以做，
吉祥富贵之类的题材私人家里做得比较多。

　　国拱北里有五棵松树、两棵松树的图案，这
些名词都有专门的说法和做法，比如五棵松树的
图案叫作《五老观太极》，上面云彩里有半个月
牙，这个月牙不能做得很圆，始终是有缺口的

----

① 记录人：牛乐；讲述人：绽学仁，回族（1928～），著名砖雕大师
　绽成元之子；记录地点：临夏市国拱北；记录时间：2009 年 5 月。

（象征伊斯兰教的新月）。

东公馆也有好几处门洞上雕有牡丹，当初这些作品的名词都被改了（与原意不符的意思），后来还是请我去定的名字。比如《双瓶富贵》代表的意思是伊斯兰教的两世富贵。还有所谓《山河图》，其实应该叫《江山图》。现在做砖雕的，这些名词（指原来的说法和文化含义）都不知道了，名词都按照自己的个性做，不按规矩做了，有时候把木活的名词和砖雕的名词都混淆了。

二、穆永禄口述史[①]

从前临夏砖雕最有名的师傅是绽成元和周声普，一个是绽派，另一个是周派，绽成元做的是临夏的东公馆，周派做的是临夏的大拱北。我的师傅是绽成元，他的师傅是马伊努斯，大约是清朝时期的人，民国的时候已经去世了。

马伊努斯也叫"马门神匠"，临夏那个时候都叫他"周周（临夏方言，意为蜘蛛）马师傅"，也叫"周周马"。听师傅说，以前的西道堂、临洮的那个拱北（穆扶提东拱北）都是他做的，在这里很有名。每年开春的时候就干活去了，回来的时候把面粉放在木车上拉回家去吃，过完冬天就又回来干活了。

以前大拱北里有人物画，是汉族人的画（图像），现在的《五老观太极》是五棵松树，原来的五老就是五个人。后来门宦多了，觉得人物不太合适就改成松树了。换图案的时候支架板（脚手架）高得很，没有办法刻，想了个办法把人兜在网子里，高高地挂在墙面上，干活的时候远远一

---

① 记录人：牛乐；讲述：穆永禄，回族（1952～2018 年），临夏砖雕国家级传承人；记录地点：临夏市永禄砖雕公司；记录时间：2015 年 11 月。

看，好像一只蜘蛛挂在上面，这以后就有"周周（蜘蛛）马师傅"的称号了。

1958 年，临夏的拱北给没收了，清真寺的砖雕被拆除了，移到现在的红园的清晖轩里。当时毕家场拱北、华寺拱北是比较有名的拱北，红园里的砖雕都是从毕家场和华寺那两个地方拆来的，这些活儿都是绽成元、周声普这些老匠人做的，其中《五老观太极》是绽成元刻的，《一品富贵》是马永昌雕的，还有一些是周声普雕的。

在图案上，回族的清真寺要花卉，完全不要人物；有些拱北可以用龙、凤等图案，也可以放花鸟、如意之类汉文化的物件。关于龙、凤之类的图案各有各的说辞，有些说不能放，有些说这是个装饰品就可以放。总之，清真寺里回族的经文放得多些，是根据他们的要求做的。

三、胥元明口述史①

（一）关于传承谱系

我们的家族是很有名的"永靖白塔匠人"②，我们的公司叫"甘肃古典园林有限公司"，是 1983 年在永靖注册的。我们家族里的一位堂哥叫胥德惠（1922～1988 年），他是省里资格最老的手艺人，是他成立了这个古建公司，现在已经去世了，如果还在的话现在都 90 多岁了。白塔匠人里面其他姓

---

① 记录人：牛乐；讲述人：胥元明（1958～），汉族，永靖古建筑修复技艺国家级传承人；记录地点：永靖县胥原村；记录时间：2016年 11 月。

② 指永靖县的白塔寺乡，此地有世代从事古建行业的传统，自清初以来，河湟地区各民族的古建多为白塔寺一带的建筑工匠所作。根据胥氏家族的口述史，其先祖于明初从陕西迁居河州，至今已传承十辈。自清初以来，河湟地区各民族的古建多为白塔寺一带的建筑工匠所作。

的还有几家，有两家姓朱的，一家姓陈的。我的手艺是和胥德惠学的，我刚高中毕业就跟着他学习，到现在做了40多年了。

胥恒通算是我的侄儿，虽然辈分比我小，但岁数比我大，今年72岁，我和他都是做木工的，我们这个家族从事这个行业岁数最大的就是胥恒通。以前匠人多，现在大部分老匠人去世了，在世的也年纪太大，干不动了。

我们的手艺都是家里传下来的，1971年就开始做。1976年，在临夏红园里的接待厅的建筑就是我们做的。那时候胥德惠是我们的"掌尺"。那个时候做古建的匠人基本断代了，手艺好一些的人已经很少了，那个活儿是临夏县找我们做的，建筑图是兰州市政设计院设计的，装饰是我们自己做的。建筑图里只有大概的尺寸，细节他们搞不了。装饰都是木质结构，当时做装饰的师傅叫邓延复，是他一手设计的，他是临夏人。还有很多砖雕装饰是70岁的马永昌做的，他是绽成元的徒弟，胡子很长，戴着回族人的白帽子。另外，还有一些比我们年轻些的人。

以前回族的活儿多，现在做的都是汉族的。在改革开放政策还没有完全放开时，主要做的是回族的清真寺。大概是1978年，广河县的马集大寺是我们做的，还有康乐莲花山的唐汪滩也是我们做的，西宁市里有一些拱北也是我们做的。

（二）关于学艺

以前我们学习的方式就是手把手地教，再就是闲下来时给师傅把茶斟上，像聊天一样说一下施工的情况，再说些历史和文化传统。我们所学的大部分知识都是口传的，还背口诀，一代一代传承下来的口诀虽然就那么几句话，但含义还是比较深厚的。

像我们的老哥胥德惠，他的雕刻手艺是数一数二的。当时工具没有现在先进，木材也不好，但是他雕出来的龙特别好看，活灵活现的，手法独特，当时我们省里的老专家、老工程师对他特别崇拜。

在这个行业里，跟着师傅学的匠人，规矩（传统的样式及做法）都懂，没有跟师傅学过的匠人都是自己摸索的。按规矩做出来的（作品）大方、耐看。如果不懂做法，随意改变了尺寸，看上去就不好看，很别扭。

（三）修建大拱北

临夏市的大拱北就是我们老哥胥德惠带人做的，当时我也参加了，那个时候我已经成为掌尺了。大拱北里面的三层金顶是我外甥做的，当时施工的图纸是我们老哥画的。

当时没有现成的图纸，是拱北的人让我们仿照一些宗教上的古建筑设计的，但是很多古建筑被毁坏了。我们只能先给拱北里的人画一张图样子，是我老哥画的，他以前做过。老哥那个时候已经60多岁了，身体也不太好，画了个1:20的图纸，当时我们按照那个图纸施工时，结构和建筑都和汉族没有多大的区别。

大拱北那一派，老阿訇当时大概80多岁了，有一些口传资料，他给我说得很详细。那时他们在大拱北办汉语学校，也办阿语学校①，汉语老师是我们地方上的一位汉族老师傅，有些阿訇是汉族人随过去的②，他们的一些风俗习惯和我们的一

---

① 大拱北门宦历来有重视教育和医学的传统，与创始人祁静一的主张有关。
② 大拱北门宦的宗教权力传承采用传贤制，根据其内部文献记载，历代出家人中有一部分为信仰伊斯兰教的其他民族人士。

样。在施工的时候从原址上挖出来的东西，像我们的"堪舆"。当时挖出来的宝瓶子我们见过，太极图、八卦都贴在上面，里面装的都是金银、珠宝、五谷粮食，和佛像里装藏的一样。按以前的规矩，这些东西都要埋在地里，不只是房顶上有，地下也要有，在修建房子前就得埋下去。你刚才说的石峡口拱北，挖出来的时候我们也都看到了。

大拱北的砖雕多数都是我们永靖的匠人设计雕刻的，我自己也做砖雕，大拱北最早的砖雕都是我们做的，包括金顶下面磨的砖都是。大拱北做完后，我们在东乡做了"伊哈赤"拱北、"石峡口"拱北，那几年做得多。后来好多地方的拱北是仿照我们的做，像那种圆形的金顶，第一个就是我们做的。当时的大拱北的情况好一些，别的门宦的力量还达不到，所以大拱北是第一家做金顶的。

（四）关于盔式攒尖顶

金顶（八卦亭）的样式在民国的时候就有，改革开放以后改进了。解放以前老哥就在我们这个地方出了名，他说从前做这个活儿的大都是汉族人，所以从前的金顶和我们汉族的六角亭、八角亭的顶子是一样的。现在金顶的帽子越做越高，那是因为他们想把阿拉伯建筑的顶子和汉族建筑的顶子结合到一起。实际就是攒尖顶再往上做一层，在原来的八角亭、六角亭的上面增高了一些，顶子高了看起来好看，但只是外观上做高了，顶里面的结构基本没变。

以前清真寺的顶子也不是那么高的，太高会有结构问题，因为里面的结构还是原来的那种做法，稳定性就差一些。顶子越做越高的做法是甲方在相互攀比，你比我的顶子修得高了，我修建的时候要比你的更高，所以现在的顶子就越修越高了。

原来房檐的那个翘脚也不是那么高的，也是攀比出来的。像北京那边的稍微翘起来，我们这里旧式的老建筑也没翘那么高。那种老式的建筑这些年少了，全都拆掉了。

（五）关于建筑装饰的差异

回族匠人做的建筑装饰和汉族的不一样，临夏清真寺用花卉等植物多一些，人物、动物都不放。现在拱北里的装饰方法都是新设计的，和以前的传统装饰不一样，和我们的（传统古建装饰）也不一样。他们的做法不是传统的做法，比如檐口上的一些装饰区别就很大。

回族匠人说的"牙子"我们叫"花牵"，我们把这个结构叫"描檩花牵"，以前传统建筑的花牵板上就有复杂的雕花，我们从小就学这样的雕法，但是用得少。回族匠人说的"掌掌牙子"，我们叫"平枋悬牵""平枋踏牵"。还有"雀替"，回族叫"圈口"，我们叫"棹（念 chuo）木"。圈口比雀替更大一些，整个一圈都连上的才叫"圈口"。这种做法就是以前房子里的装饰，隔断上做得多，现在为了做得花一些（华丽一些），原来不该雕刻的地方都雕刻了。

外地的一些古建和我们的基本相同，山西的和我们这里的接近一些，尤其是老建筑，但南方的和我们的差别很大。四川的和陕西的接近，和我们的也差不多。汉中拱北（久照亭拱北）的木活是我们做的，材料是在这边买的，加工成半成品拉过去的，那里现场雕刻的很少，花板都是雕刻好的，风格上和四川的接近。

四、陕子强口述史[①]

　　我是国营建筑公司的人，主要做建筑，除了砖雕，也承包土建工程。榆巴巴拱北、石峡口拱北是我监修的，大拱北的砖雕长廊也是我监修的。漠泥沟、赵家湾、滴水崖、沙河坎拱北，保宁寺、鹿林寺的砖雕也是我和临夏这边的人过去刻的，这些寺院和拱北都在四川和陕南那边，是解放前就有的，都是属于大拱北管辖的，这些地方原来都比较简陋，后来重新修了。

　　国拱北比榆巴巴拱北修得早一些，他们那边有修建拱北的传统，绽学仁设计得好，马永昌图案画得好。刻砖雕的是石川的拜老五，穆永禄他们最早也在国拱北那边刻砖雕。

　　榆巴巴拱北在民国时候没有建筑，就是个台子，这个台子叫月台式，上面是个拱子，外面用砖做个罩子，把拱子放进去。榆巴巴拱北是改革开放后修的，第一次修的规模小，是范忠孝修的，我俩是一个建筑公司的，后来我监修的时候规模扩大了。

　　现在的八卦亭是我承包下来的，请的是街上开铺子的砖雕匠人，有张全民、张全光、赵四辈、沈占伟，还有马骏。他们是张全民的朋友，一起开铺子，我把砖雕活承包给他们，当时是按照砖的数量计价的。

　　榆巴巴拱北的八卦亭是周敬德设计的，是周声普的弟弟，他们最早一块儿做过活，我的父亲也跟他们一块做过。现在大拱北还有一个小照壁——《五老观太极》，就是周声普做的，上头有名字。还有红园里八字墙（八字形照壁）上的《带子上朝》也是他做的。周敬德把榆巴巴拱北的

---

① 记录人：牛乐；讲述人：陕子强（1958～），回族，工程承包人；记录地点：临夏市文化馆；记录时间：2021 年 10 月。

八卦设计出来后，我再包给匠人们做。周敬德是按照原来的比例设计的，他家没有图纸，全是根据记忆画出来的。榆巴巴拱北里砖雕的图案多数也是他设计的，画什么都是匠人们跟他商量，图纸画好后再计算一个堂子需要几块砖，一块一块放样子，他画一块，匠人们就刻一块，我给他们开工资，我主要是负责管理。

榆巴巴拱北里还有些图案是马全民设计的，现在已经去世了。因为他是卖地毯的，所以堂心边子上的压条图案是按照地毯的图案做的。八卦亭上有一个特别大的博古架，是沈占伟设计雕刻的，博古架上的各种图案是他自己设计的，不是拱北里要求的。拱北里的图案不刻人物，其他的图案都可以刻，我们还刻了八卦太极，这些道理我们这边（苏菲派）和汉族的道教是相通的，其他地方（教派）就不一样了。拱北里早些时候（解放前）有刻人物的，现在也有，比如大拱北大门道（砖雕长廊）里也刻了人物。

工费是按砖的数量计算的，60厘米×30厘米的砖是35块。当时报了1500元的工费，沈占伟拿到家里刻，后头又加了500元，最后付了2000元。大照壁有一个最大的砖雕用了70多块砖。砖雕墀头是一个一个算，压条是一根一根算，单个砖雕、压条的工费分别是6元、4.5元，不然做不出来。还有一个山水的堂心，是那个庵古录拱北，图案是张全民按照相片画的，是一帮人刻的，那个工费是1500元。

榆巴巴拱北连八卦亭、照壁一共干了两年多，拱北的砖雕活出名了，结果宁夏那边的人也来拍照（学习），穆家、拜家（砖雕艺人的姓氏）也来拍照片，西部大开发的人也来了，我还拉他们到匠人家里去参观。

榆巴巴拱北做完歇了一两年，就去做了石峡口拱北，做完以后就去做了大拱北的大门道（砖雕长廊）。当时瓦工、木工是分别承包的，我承包的是走廊、西过厅、东过厅、北厅。木工活是永靖的王宝元承包的，胥恒通做的，他是胥德惠的侄子，红园的建筑也是他做的，当时是把城隍庙的大门拆过去做的，后来榆巴巴拱北的大门牌坊就是照着那个大门设计的。

大拱北的砖雕做完，我又监修了西宁的后子河拱北、民和的西沟拱北、大通的中和堂拱北，一共修了十八九个拱北。后子河拱北有一块照壁是古代的，那个是我保留下来的，我做的八卦亭的砖雕。当时请的还是马骏他们，冬天现场刻的，开春我去安装的。

五、张全民口述史①

公司（神韵砖雕公司）还没成立时，我和沈占伟、赵英才、我弟弟（张全光）、我姨父一起做了榆巴巴拱北、石峡口拱北、大拱北、河沿头拱北、西川的街子索麻拱北。

榆巴巴拱北是 1998 年做的，那是我们第一次进拱北，那里要求比较高。那时候寺里干活的匠人多得很，光刻砖雕的就有二三十个，其他还有韩卫龙、张海林、张尕群、康廷云。做榆巴巴拱北之前我们是开小铺子的，知道得少，做得也少。那以后我们的见识提高了，速度也提高了，效益也好了。那时候我们年轻，比老一辈的砖雕家做得好，做得快，立体感也强。原来老匠人用的是铁匠砸的刀子，用铲子铲，用手摇钻，效率低得很。我们用的刻刀、电钻这些先进工具，刻刀用的是切铁的材料，钢水好，速度快。

---

① 记录人：牛乐；讲述人：张全民（1968～），汉族，著名砖雕技师；采访时间：2014 年 7 月；采访地点：临夏市神韵砖雕公司。

当时图纸设计由甲方负责，就是咱们临夏原来织毯厂的老总马全民提供的，他做地毯生意，妻子会画图，图案是他跟妻子一起设计的。工程是陕子强承包的，他原来做建筑，主要是包工程，园子硬化、道路的工程都做。

榆巴巴拱北最大的博古架和庵古录拱北全景图方案就是马全民他们定的，博古架上的瓶瓶罐罐样数多得很，具体的图案是沈占伟设计的。八卦亭的砖雕没有动物，但外墙上有，下面的座子和腰束图案我们可以按照自己的想法随心所欲。我们先画，画完以后和寺管会的人一起讨论，他们来决定哪个能用哪个不能用。

榆巴巴拱北马三虎他们没参与，参与的是周敬德，还有白尕虎、白尕虎的儿子，工人里汉族人多。榆巴巴拱北有两个八卦亭，第一个早得多，是用水泥浇铸起来的。后面做的那个是砖木结构的，用砖雕和木雕装饰的。当时榆巴巴拱北那个活前前后后干了三年，断断续续的，最长的时候干了五个多月。先修的八卦亭，后面修的外边的大门，拱北外墙也是后修的，上头还有沈占伟刻的鹿。第三次施工是做后面的那个大照壁，是我们四个人做的，那上头刻的是榆巴巴寺的全景图。

2001年，我们在东乡做了一个拱北，跟榆巴巴拱北一样，叫石峡口拱北。那个拱北工程是咱们工程队招标来的，穆永禄在两三年之前做过，四周有围墙。八卦亭的砖雕是我们做的，其中《博古图》是沈占伟的作品。我刻的主要是四川保宁府拱北（久照亭拱北）、庵古录拱北和榆巴巴拱北一个图案。

石峡口拱北做完了以后就去做大拱北，主要是做大拱北正门进去两面的长廊和里面的院墙。大拱北主要的砖雕是我们四个承包的，沈占伟和我，还有我兄弟和我的尕（小）姨父。

大拱北的二十几个图案主要由我们几个人设

计，设计好以后，还要管委会研究通过。设计图案时主要是他们提要求，我们也给建议，比方说有些图案不能重复，又比方说哪些地方的造型做成海棠形、梅花形、山形，多种样式，把图案搭配开，不重复。大拱北的《海水朝阳》是我们建议的,《一帆风顺》好像也是我们建议的。当时想，有二十几个堂心，牡丹、竹子、松树到处都有，太类似了，我们加了其他内容，尽量不重复。

我们做大拱北的时候，旁边的台子拱北和国拱北也正做着。做台子拱北的时间跟榆巴巴寺是同一年，是石民做的，他是汉族，现在是青韵公司的经理。对面的国拱北当时只修了个大门道，是穆永禄、马三虎他们刻的，绽学仁设计的。绽学仁是老匠人，绽成元大师的后代，在国拱北里当学董。

第三节　古建艺人访谈

一、采访古建筑艺人马学龙[①]

采访者：请问东乡车家湾的沙沟门拱北是您哪一年做的？

受访者：大概是1992年。1991年嫌1986年做的金顶（八卦亭）低了，1992年把二层拆掉后往高了加，前后做了两次。大门是后来做的（2001年建成）。拱北建筑是有主次的，要先造八卦亭，后做大门和附属工程。

采访者：我看到八卦亭（金顶）后面有一个

① 采访者：牛乐；受访者：马学龙（1970～），回族，康乐县民间建筑师；采访地点：定西市临洮县穆扶提东拱北；采访时间：2015年8月10日。

看墙（照壁），上面有一个图案脱落了，是不是要重做？

受访者：那是 1986 年做的，准备重新做。当时先做的东拱北（指临洮县穆扶提东拱北），西拱北（指康乐县穆扶提西拱北）是 1991 年做的。1992 年沙沟门拱北的八卦亭又做了第二次，主要是嫌第一层和第二层的比例不合适，就把第二层加高了。

采访者：最早你们施工的时候原址有没有八卦亭？

受访者：原先就是石棉瓦搭的一个八卦，简陋得很。

采访者：当时修八卦亭的造价有多少？

受访者：那个我们不知道，我们匠人只是包工，一天一人 4 块钱工钱。我做了 77 天，拿工钱买了个录音机。要是现在，77 天的工钱够买一辆小轿车了。

采访者：当时哪些人参与了这个工程？

受访者：家里很多人都在做，当时设计师是我们的爷爷。

采访者：有施工图纸吗？

受访者：图纸是根据甲方的要求画的，主要是拱北一般不用动物，只用植物。

采访者：家里做砖雕么？

受访者：我们不做砖雕，家里都是做古建和木雕的，后来又发明了水泥雕。

采访者：这种水泥雕是哪一年发明的？是谁发明的？

受访者：大概是 1986 年，具体谁发明的也说不清了。1991 年就试着开始做了，一开始里头不加东西，水泥裂的不行，后来把生石灰调成水加进去解决了这个问题，做成了看墙。边上是用砖砌的，中间的图案是用水泥做的。

采访者：水泥雕的工序是什么样的？有没有

模具?

受访者:有模子,主要是为了边缘整齐,一般晚上把水泥灌到模子里,早上起来要尽快做,要求 3 个小时以内完成,大的图案一般几个人做,小的图案可以 1 个人做。看墙上的经文都得 4 个人一起做,先把水泥抹上,把图案画好,干了就挖不下来了。得分成块制作,干了以后得等碱退掉才能上色,不然油漆会掉的,我们用食醋喷上去除掉白点。

采访者:配色有什么讲究?

受访者:要素一些,红色不太用,蓝色、绿色用得多一些。

采访者:从爷爷那时候就做古建吗?

受访者:我们是东乡汪百户人,搬到康乐已经是第六辈人了,大概是左宗棠那个时代迁过来的(清同治年间),我们家做古建在村里是最早的,从我太爷那辈就开始做古建,几辈人了。太爷、爷爷、父亲都做这个,建筑也做,装饰也做。爷爷叫马成发,别人叫大掌尺。太爷叫马进祥,别人都叫尕掌尺。

解放前,西道堂①的清真寺就是我太爷做的。我见过我太爷,1991 年才去世的,活了八十几岁,拱北的大门就是他设计的。他是个小个子,大概 1.42 米的样子,人聪明得很,一天学都没上过,但是精通三角函数什么的,工程方面也很在行,解放后,水电局吸收他当了工程师,哪里的工程结构出了问题,他就去现场躺在地上用手脚比画,然后找个地方睡一觉,醒来以后受力和结构的问题就解决了。1958 年"大跃进"的时候还发明了一辆三轮车,人在里头用一个滑轮转动,

---

① 中国伊斯兰教派别之一。1902 年由伊斯兰学者马启西(1857～1914年)创建于甘肃临潭。因其以刘智等人"以儒诠经"的伊斯兰教汉语著述为传教依据,故又有汉学派之称。

车就开走了，为此还去北京开过会。

解放前，修西道堂的时候，两帮匠人施工，我太爷和康乐的匠人，还有一帮临夏的匠人。有些匠人想陷害我太爷，偷着把柱子锯掉一截，大家发现后让我太爷回家躲了一个月。立柱子的时候发现柱子短了，甲方不干了，我太爷说："柱子没短啊！"结果他拿出一对雕刻好的木头狮子，狮子还龇着牙互相看着的样子，背上有托木头的地方，装到柱子下面就刚好合适，这件事情后来在行业里面传成故事了。

采访者：修清真寺的时候，大体的建筑样式也是自己设计吗？有什么传统吗？

受访者：是自己设计的，样式都是现设计的，会随时代变化。

采访者：我发现咱们这里的清真寺屋顶比汉族的寺庙高，这有什么讲究吗？还有拱北的金顶，顶子是盝形的，不像汉族亭子都是攒尖顶。

受访者：这个主要根据面积的大小，按比例做的。顶子高是有传统的，但主要还是看甲方的喜好，按照流行的做，从前顶高都是四五米，现在都有七八米高的。顶子有时候会根据甲方的喜好调整比例，有时候（甲方）也是看别人家的样子互相学的。高与低，按照房子进深取中心点，房顶的水（斜度）也是按照比例推算的，里边的结构都是一样的。

采访者：平时施工有口诀吗？

受访者：也没什么口诀，主要是按照传统的做法把比例算对，其他都是按照经验做的，房顶的坡度由顶的高度决定的，高度是按照房子的面积、大梁的高度推算的。

采访者：现在的水泥建筑比木结构建筑的重量要大，那么地基深度和承重是怎么计算的？

受访者：主要还是按照经验，该加大钢筋尺寸的要加大，水泥的标号也要放大。

二、采访古建筑艺人马世忠①

　　采访者：请问您是如何学艺的？还做过哪些工程？

　　受访者：从前康乐这边有个掌尺，人称尕掌尺，个子小，但是手艺好，以前的寺院很多是他做的，后来的康乐匠人都是跟他学的。尕掌尺解放后是水电局的工人，设计过木头的渡槽。我是教门刚开放（20世纪80年代落实宗教政策）的时候开始做工程的。我从前不是木匠，在农业社里，那个手艺没有用。那时候农业社的日子困难得很，我们拿分的粮食换几根椽子自己修房子。那时候老百姓家的房子，都简单得很，想请个匠人也没有钱，就自己尝试着做上了。后来村里的人看了觉得好，就来请我做，我就边学边做。1987年之前就是做些农村的土房子，开放了就开始做清真寺、八卦了。手艺主要是看来的，看老匠人做。

　　这些年除了灵明堂拱北，我还在河南洛阳修过岩石寺（清真寺），在青海、新疆也修过。在东乡做了妥家沟拱北，东乡那边80%的清真寺和拱北都是康乐匠人做的。在宁夏修了2座清真寺，吴忠的十八公里寺和沙窝寺，修了2年，都是水泥上色的，不是木活，油漆活是和政的匠人做的，因为是礼拜寺，所以都是花卉图案。水泥和木活有区别，水泥是在墙面上施工，木头是在下面做好，然后装配的。木头的花草做起来特别慢，水泥的做起来很快。水泥的花草没有木头的耐用，时间长就风化了。水泥的花卉是用模子翻的，有时候是先用水泥刻（趁湿），时间要掌握好，太湿不好刻，太干刻不动，然后用胶（硅胶）翻模子。

---

① 采访者：牛乐；受访者：马世忠（1940～）回族，康乐县民间建筑师；采访地点：康乐县；采访时间：2018年5月10日。

看墙（照壁）上的经文，是把尺寸画好，阿訇们写下的。

采访者：请问您什么时候开始做灵明堂拱北工程的？

受访者：九几年的时候，原来咱们康乐有工程队，我在工程队当掌尺，在拉萨那边施工。灵明堂里施工的也是康乐人，一个八卦亭已经修起来了，准备做大殿（礼拜殿），大殿要做纯木头结构的，难度大，他们做不了，所以把我从拉萨叫回来了。

灵明堂拱北的工程，就两个八卦亭我没有做，一个我当时在拉萨，另一个我有别的活，其他的都是我做的。八卦亭也是康乐我们连手（朋友）做的，都是回民，已经去世了。我一直在那边做了12年，从大门到外面的建筑、礼拜大殿、四合院都是纯木头的，做起来很慢。大门的底座是青砖的，上面的建筑是木头的。大门上的挂落、木雕都是我做的。所有的木活都是同时做的，木雕的图纸都是我自己画的。我只管木活，外面的砖活是静宁匠人做的。这个静宁匠人12岁就到灵明堂干活，一开始他在工地上学磨砖，后来就学会了。我们和瓦工各做各的，他们做完后给我们一个尺寸就行了，我们就按照尺寸接着做木活，互相不用商量。

采访者：请问工程的样式和图案是东家指定的，还是自己设计的？

受访者：施工的时候，东家（教长）只是指定柱子里径、开间尺寸，具体的事情他们也不懂，让我们画图纸给他们看，要求怎么好看怎么做，后来图纸也不看了，由我们自己做。包括龙、凤凰图案都是我画的，拱北里画这个是允许的，清真寺里不做。因为八卦亭里面睡的是人，清真寺里拜的是真主，真主是没有形象的，所以有形象的动物不能画。大多数图案都是我自己想着画的，有时候街上卖的书也参考一下。木雕都是手工刻的，彩绘是油漆工画的，大体的颜色我给他们说，有些动物的颜色照着书上的画。大殿里面有3个雕花木头楼（龛）都是我做的，本来做了2个，东家来让再做一个（两侧对称），交代说怎么好看就怎么做。

采访者：请问工人都是什么地方人？当时的工资多少？

受访者：我们的匠人都是康乐县上的，亲戚朋友多，一起好沟通，不然一年的时间做不下来。灵明堂的工程，工钱是按照天工（日工）算的，工钱每个人按日发放。1996年的时候，一天是15块钱，后来涨成二三十元一天，现在的话，一天要260元。有几次做到一半，资金跟不上了，挣不到钱，大家就回去了，但是这个工作别人也做不了，大家就等有钱了接着做，就这么做了12年。

采访者：请问八卦亭有固定的样式么？还是自己设计的？里面是什么结构？

受访者：八卦亭的设计其实没有固定的样式，主要是看东家要求复杂的还是简单的，还要看造价，有些拱北里资金困难，双梁就改成单梁，花草就简单一些。八卦亭也没有统一的图纸，做完活，图纸就扔掉了，没有用了，因为各处的尺寸不一样，全凭自己脑子记着。古建的设计就画一个大样子，里面的结构是看不见的。八卦亭的结构是一样的，顶的形状和一般亭子的顶是一样的，主要区别是用木板按照曲线做个弧形的支撑，做起来麻烦一些，但是做好了很好看。柱子、间架的尺寸算好，其他尺寸就跟上了。采用得多，临夏这里把斗拱叫踩，一种是尕三角，一种是大方踩，一种是斜踩，大斜踩，还有福寿踩，福寿踩是六角形的。

三、采访某古建筑施工队负责人谢绍明①

采访者：您是哪里人？是汉族还是少数民族（回族）？您上学上到什么时候？

受访者：我是临夏人，汉族，家在北原上住，初中毕业。

采访者：您是什么时候开始做古建的？

受访者：我18岁就和亲戚到施工队学建筑，我们那个村子多数人都从事这个行业，也有的村子的人做木工，所以全村的人都学木工。

采访者：您这个施工队汉族人多还是少数民族（回族）多？

受访者：我这里的全是汉族，其他人那里少数民族（回族）也有。

采访者：我想了解一下，您正在施工的这个亭子是什么样式的？

受访者：这个是咱们本地的亭子样式，你看那个顶子，其他地方的亭子都是尖的（攒尖顶），咱们甘肃的这个亭子是圆的（盔式攒尖顶）。

采访者：我知道一些研究建筑的人把咱们这种样子叫作"河湟风格"，你们有没有这个说法？

受访者：这个我倒是不知道，只知道是甘肃的风格，也是临夏的风格。

采访者：你们的施工内容有哪些？

受访者：汉族的寺庙、道观，藏族的、回族的（清真寺）都做，有时候私人的民居也做。

采访者：不同民族的建筑有什么不一样？

受访者：现在水泥做的建筑，基本结构都是一样的，只是装饰不一样。还有就是要根据不同

---

① 采访者：牛乐；受访者：谢绍明（1969～），汉族，临夏市北塬乡民间建筑师；采访地点：临夏市某古建园林工地；采访时间：2015年4月4日。

的地方，按照当地流行的样子做。比如回族的清真寺、拱北，人家都要求顶子要高一些、尖一些，这个和汉族人的不一样，还有那个翘角，回族喜欢翘得高一些，汉族喜欢平一些。

采访者：那回族人喜欢这个尖顶子有什么说法没有？

受访者：我们也不知道有没有说法。

采访者：这个样子是什么时候开始流行的？

受访者：我开始学建筑的时候就是这个样子了。

采访者：那您去和客户谈生意，需要画建筑图给客户看吗？

受访者：图纸都有，要按图施工。不过都是基本的建筑样式，上面的彩栋（斗拱）、吊锤、花牵、鹧鸪头、花墩、平枋都是一样的结构，传统的做法。像这个六角形的亭子，角上用的彩栋就是菱形的，承重大，中间用的是旋风栋，承重小一些，如果是四边形的建筑，角上用的就是四方栋。

上面这些结构都差不多，像下面的平枋，还有下面的牵（额坊）可以加，做成几层都可以，花墩也可以加。

采访者：那建筑的样式是怎么设计的？是客户要求的还是你们建议？是怎么交流的？

受访者：我们去谈生意，先要到当地到处看一下流行的样式，然后几个掌尺一块商量一下，这样好和客户交流。

采访者：那图案上有什么不一样？

受访者：图案是商量着做的。藏族喜欢八宝、狮子图案，回族不喜欢，清真寺不用这个，特别喜欢花卉。现在这个水泥的建筑，柱子中间的圈口（雀替），还有吊锤、花牵、花墩用的都是水泥的还有轻质（树脂材料）预制件，尺寸都是固定的。

第四节　拱北相关人士采访

一、街子索麻拱北采访①

　　采访者：这个砖雕的风格一看就是神韵公司的，当时你们是怎么要求的？

　　受访者：这个门是沈占伟设计的，我们还是喜欢气派一些的。

　　采访者：这个墙上的《海水朝阳》图案是门宦家才用吗？

　　受访者：一般是门宦家才用，其他教派不太重视这个。

　　采访者：那个房顶上的瓷瓶怎么讲？

　　受访者：主要还是瓶安（谐音平安）的意思，在伊斯兰教是两世平安（伊斯兰教的两世观）的意思。

　　采访者：请问这个《五老观太极》图案有什么说法（内涵）吗？

　　受访者：这个不一样，苏菲派有几种说法，主要是关于启示，不同的人受的启示是不一样的，这个要看个人参悟。

　　采访者：其他的图案，例如龙和凤的图案有什么说法（内涵）吗？

　　受访者：一般的有说法，严重性的（深刻的、重要的）说法没有，像《二龙戏珠》里的龙和宝珠有一些启示的说法。

　　采访者：我看到拱北中八卦亭的层数和边数都不一样，有四边、六边和八边，这个是根据什么来决定的？

　　受访者：我们这个八卦和道教的说法不一样，

---

① 采访者：牛乐；受访者：街子索麻拱北某宗教人士；采访地点：临夏市毕家场拱北；采访时间：2014 年 7 月 15 日。

主要根据达到的品级，规格主要根据是"尔林"（经学知识、学识）和"克拉麦提"。

嘎德忍耶门宦比较讲这个，其他的门宦不太重视。其他门宦比较重视尔林，根据这个来分，但是嘎德忍耶比较重视克拉麦提。

二、华寺拱北采访①

采访者：请问这个八卦亭上的砖雕是谁做的？

受访者：是位老艺人，红园那里的很多砖雕都是他做的，名字现在记不清了。这些水泥砖雕图案做的还是很地道的。30 多年了，虽然是用水泥做的，但还是用刀雕出来的。

采访者：当时的八卦亭是如何设计的？

受访者：当时没有专业的设计师、工程师，咱们的群众按照老一辈的记忆流传下来的照片描述给施工人员，效仿出来的。1958 年以前的拱北比这个辉煌大气得多，占地 20 多亩，清朝的时候有 60 亩，一直到老花寺那里都是。现在这个地方是 1982 年改革开放以后，信教群众和第八辈筛海②一起建起来的。

采访者：我看这里还在继续建，您大概介绍一下。

受访者：现在这个工程还没完，还有个卷棚要修，主要是为了教众来得多的时候遮风挡雨。这个金顶（八卦亭）是三层八卦，这个规格在国内不多，代表我们马来迟道祖的宗教品级。里面的装潢 1999 年做了一次，以前里面没有吊顶。以前的八卦亭在看墙（照壁）这里，后

---

① 采访者：牛乐；受访者：华寺拱北某工作人员；采访地点：临夏市华寺拱北；采访时间：2014 年 7 月 15 日。
② 筛海（Shaykh）伊斯兰教称谓，阿拉伯语音译，又译"谢赫"，原意为"老者""长老"。

来为了取中心，移到这里了。这个大门还是原来的土木建筑，上面的彩绘都很好，砖雕也是手工雕的，现在都很少这么做了，大家准备拆散了移动一下，我是学建筑的，我觉得应该可以用滚轴移动。

采访者：华寺的"华"有时候也写作"花"，怎么解释？

采访者：华寺的华有两种解释，一种是中华的华。还有一种是花草的"花"，这个也有两种解释，一种是当时马来迟在青海地区传教，当地藏式建筑的色彩十分华丽，后来修清真寺的时候就按照藏式建筑的风格进行装饰，第二种解释是象征天堂的花园。

采访者：我看到这个新建的礼拜殿是殿堂式风格的，会不会和原来的古建筑不协调？

受访者：所以要移动一下，院子里面全部保持原来的样子。

采访者：再恢复的时候会不会按照老华寺的样子做得华丽一些？

受访者：我们也是这么考虑的，当时主要是缺设计，缺资料，缺好工人，很难作出原来的样子，与其这样，还不如修成殿堂式的。以后院子里的建筑，不管花多少钱都要修成原来的样子。

三、国拱北采访[①]

采访者：请问国拱北的这个八卦亭形状很特殊，顶部像一口锅，底下是四方形，和老照片上的样子基本一样，和其他拱北的八卦亭不一样，能否介绍一下这座八卦亭的等级和规格？

受访者：建筑只是建筑，和等级不一定有关

---

① 采访者：牛乐；受访者：国拱北某管理人员；采访地点：临夏市国拱北；采访时间：2014 年 7 月 15 日。

系。现在的拱北都修得很宏伟，都讲究修成八卦、
六卦，这其实都是建筑形式，和信仰没有关系，
只是和设计的人想法有关系，也和群众的喜好、
经济实力有关系。有些先贤的品级很高，反而连
个建筑物都没有。

采访者：我看拱北里做照壁，经常用《百鸟
朝凤》等图案，这些图案有什么寓意和禁忌？

受访者：这个没有太大的寓意。拱北的这
个建筑形式都是汉文化的样子，个人喜好也是一
个原因，就像有人喜欢漂亮的形式，和宗教没
有关系。像北京、西安的多数清真寺都是这个样
子（传统中式建筑），因为建筑工人们学的就是
中国的建筑艺术，这个就和人住房子一样，有
人喜欢大理石，有人喜欢花岗岩，和信仰关系
不大。

小　　结

一、多元匠工体系与地域风格的形成

从以上田野资料可以看到，河湟地区的建筑装饰
行业以汉、回两个民族的工匠为主流，并长期保持了
协作和互动关系，由于受到安多藏文化的影响，汉、
回、藏多元建筑风格在河湟古建筑中的融合特征十分
明显。

清代至民国时期河湟地区的公共建筑多为汉族
建筑艺人承建，其中以永靖县白塔寺的建筑世家最
具代表性，他们为河湟地区各民族、宗教设计营建
的公共建筑至今仍为河湟古建筑的典范。明清时期
的白塔寺建筑世家比较系统地继承了明清官式古建
的建筑结构和形制，但是由于长期在河湟多民族地

区设计施工，其建筑结构和装饰习俗明显受到了回、藏建筑装饰趣味的影响，形成了河湟古建特有的风格，这些特征至今仍鲜明地体现在河湟地区各民族建筑中。

与此同时，以临夏回族匠工团体在近代河湟地区亦十分活跃。根据诸多艺人的口传史判断，回族建筑艺人主要为明清时期陕西关中地区的回族移民，亦包括多个建筑和砖雕世家，其中砖雕艺人的传承谱系较为清晰。

汉、回匠师的作品在趣味上有明显的差异，并体现在建筑结构的名称、行业组织、审美习俗等诸多方面。经过对比分析，清初临夏回族传统清真寺、拱北建筑的风格与山西、陕西等地传统明清古建在形制和装饰在风格上趋同，尤其与山西晋商建筑以及陕西关中地区明清伊斯兰建筑有明显的传承关系。同时，由回族艺人传承的砖雕装饰技艺不仅成为临夏地区享誉海内外的非物质文化遗产，作为文化习俗亦显著地影响了河湟民族建筑的装饰风格，成为河湟古建不可或缺的艺术文化亮点，并使河湟古建筑形成了"重装饰、轻结构"的地方习俗。可以看到，多种文化习俗的互动与交流是河湟民族建筑风格形成的核心机制丰富了河湟民族艺术的表现形式，强化了审美的共性追求，形象地展示了艺术文化的修辞和传播特征。

二、天才人物、行业文化与民间智慧

从一系列口述史可见，同为民间匠工团体，白塔寺汉族建筑艺人传承了较多的明清官式建筑传统，回族建筑艺人的作品则体现了更多的民间性、自由性和创造性。基于长期的竞争和协作，二者的风格逐渐"相习"，最终呈现文化习俗和审美趣味"互补"的形态。不能忽视的是，二者的工作均围绕着民间匠师中的天才人物展开，以上口述史中的回族砖雕大师马伊努斯、绽成元，汉族建筑大师胥恒通、胥德惠，回族建筑大师"尕掌尺"（马进祥）等即为其中的代表，他们极具个性的创意对于河湟民族建筑影响深远，并由于各自的影响力形成了河湟建筑装饰行业的多元传承谱系，成为多元文化基因事实上的载体和传播媒介。

河湟建筑装饰行业多为地域家族传承，依靠优秀的技艺和良好的口碑从业，各群体之间保持了良好的竞争和协作关系，雇主与施工者之间亦保持了良好的沟通关系。河湟建筑行业的民族成分多元，均十分注重多民族交往中跨文化的沟通技巧，善于根据地域环境和文化环境的不同进行个性化的设计施工，与雇主的合作关系松散而融洽，不计工期的"日工"结算制度保证了施工的质量。同时，雇主赋予施工者充分的自主权利，通常不干预设计和创意，为施工者的创造性活动赋予充分的自由度和施展空间，而不同民族、不同工种施工者之间默契的协作关系，文化习俗的认同、共享则体现了多民族文化的涵化特征。

此外，拱北的出资者、文化持有者、文化参与者、经营者、建造者之间存在显著的文化凝聚力，文化资本与经济资本的转化效率较高，故拱北的建造施工过程体现了相对简单的契约关系，常根据口头约定协商处理十分复杂的问题，商业交往的信用良好，体现了良好的交往习俗。与同一地域的其他民间建筑相比，拱北的营造确实体现出相对优化的资本转化和生产机制，其较高的营造水平、良好的环境理念与多民族协作的行业传统、文化制度以及多元的价值观、审美习俗、民间智慧存在密切的互动关系。

三、文化共性与在地性

通过对多位拱北人士的采访可以看到，伊斯兰拱北在文化方面更注重文化习俗的在地性，追求和而不同的文化共性，注重基于文化认同的情感逻辑，并不刻意突出自身的族性、文化标识和差异性。同时，拱北的营造规模、样式、文化取向与社会文化变迁同步，与政策环境、社会生产力、经济发展水平存在直接的关联。也可以认为，作为活态的地域文化，拱北的发展是地域文化变迁和社会文化发展的客观反映。

第八章

拱北图像志

　　拱北在甘、宁、青三省（区）均有分布，其中以甘、青两省交界的河湟地区分布最为集中。根据资料统计，甘肃省临夏回族自治州的临夏县、东乡县、广河县、和政县、积石山县，定西市的临洮县，兰州市区及辖区所属榆中县、永登县，甘南藏族自治州的临潭县、夏河县，青海省的西宁市、循化县、民和县，宁夏回族自治区固原市、海原县等地是拱北分布最为密集的地区。其中临夏回族自治州是内地苏菲门宦的发源地，拱北的数量较多，建筑风格和形式亦最为多元，其他地区的拱北建筑多以临夏地区为范本。

　　尽管拱北的基本格局和建筑形制趋于一致，但是亦存在风格上的差异。临夏市的拱北历史文化传统较为深厚，均为传统中式园林建筑，其设计与施工者多为传统古建筑艺人，故规范性较强，风格中庸，具有回儒气质。这些拱北与周边的人文环境匹配较好，体现了"隐中之显"的理念。

　　相比之下，东乡县、康乐县一带的拱北历史较为悠久，多数为元明时期中亚、西亚传教士的纪念冢、修行地以及神话传说的发生地，周边地理环境复杂多样（图8-1）。其设计施工者多为民间建筑艺人，故建筑风格更为多样，创意性强，造型独特夸张，具有鲜明的民间艺术风格。

图8-1　康乐县穆扶提西拱北墓园

第一节　临夏大拱北建筑群

一、大拱北

大拱北既是一座拱北，也是嘎德忍耶学派最具影响力的门宦。其在甘肃、宁夏、青海、陕西、四川等省区有深厚的群众基础，下辖40多座寺院、静修地和拱北，其中以甘肃临夏大拱北、四川阆中巴巴寺（和卓阿卜杜拉拱北）、陕西西乡鹿龄寺历史最为悠久。

大拱北的墓主祁静一（1656～1719年，道号希拉伦丁）祖居甘肃河州八坊小西关，为河湟苏菲嘎德忍耶学派最具影响力的宗教学者和传教人。祁静一自幼学习伊斯兰经学，通晓汉语、阿拉伯语、波斯语，并精通诗歌、书画和传统医学。祁静一曾于 1672 年随毕家场门宦的创始人马宗生一起赴西宁向阿帕克和卓求学,经其指点于两年后投师于另一位苏菲传教士华哲·阿卜杜拉①门下。此后,祁静一在甘肃、四川、陕西各地历经九年艰苦修行而成为著名宗教学者,其曾经的修行地,如陕西西乡县鹿龄寺、滴水崖、沙河蔡家岭以及留坝县的紫柏山等地均建有纪念拱北。此外,祁静一还曾在四川松潘、阿坝、金沙江流域以及广东、云南、贵州等多民族地区传教,以出色的人格魅力和精神宗教理论学养闻名。

大拱北始建于清康熙五十九年(1720 年),由大拱北第一代当家人妥化清主持修建,主体建筑为祁静一的墓庐,名为"永久亭"。起初因墓主姓氏而被尊称为"祁家拱北",后经过历代扩建,因其宏大、华美的建筑装饰和广泛的社会影响力而被尊称为"大拱北"。大拱北也是临夏市红园西侧拱北建筑群的中心,与其西侧的国拱北(墓主陈一明,1646 ~ 1718 年)、台子拱北(墓主马腾翼,? ~ 1758 年)、大太爷拱北(墓主马如恒,1657 ~ 1744 年)、古家拱北等共同构成拱北建筑群。

在河湟苏菲门宦中,大拱北门宦最重视"道承",其宗教功修方式传承了中亚苏菲教团传统,但是宗教理论完全沿用了明清中国伊斯兰教理论体系,具有鲜明的文化融合特质。此外,大拱北门宦尤为重视汉语文学教育,设有专门学堂学习四书五经等中华传统文化知识,并有精研医学的传统。

大拱北门宦的道统史资料主要有《祁静一遗训》《清真根源》《大拱北先贤事略》等。其中《祁静一遗训》为祁静一本人遗稿,可略窥其精深的传统文化素养,《清真根源》为大拱北第六代传教人祁道和于清代

---

① 教内文献认记载其本名为舍赫·穆乎印迪尼·布尼外法(1574 ~ 1689 年),阿拉伯麦地那人,逝世后葬于四川阆中久照亭拱北。

同治年间编纂，《大拱北先贤事略》为临夏回族学者马兹廓（1912～1995年）[①] 所著。

　　大拱北也是唯一有出家人制度的苏菲门宦，故在民间常被称为"清真道士"。在大拱北门宦中，出家人的地位最高，且以童子出家修行为主，当家人为终身制，皆从出家人中推选。与依据血统传承的门宦不同，大拱北门宦没有父传子受的教长世袭制度（大拱北出家人不结婚，因此亦无子女），根据祁静一在生前拟定的"一清风云月，道传永世芳"道谱和取名次序，现当家人已传承至第十辈。

　　历史上的大拱北占地面积一度达 139 余亩，于1928 年毁于战乱，1932 年由其当家人王永贞、马永观等主持复建，至 1941 年相继建成砖木结构的三层八边形墓亭（图 8-2）、礼拜寺院、前后花亭院、东北院等主要建筑。1958 年部分墓庐被拆除，院址被政府机关和人民红园使用，后于 20 世纪 80 年代后陆续退还，1981 年由当家人杨世俊主持在旧址上重建。

图8-2　1941年修建的大拱北八卦亭

---

① 马兹廓（1912～1995 年），回族，临夏市人，临夏近代著名教育家。

　　现有建筑为 20 世纪 80 年代复建，总占地面积约
14580 平方米，总建筑面积约 2600 平方米。建筑设
计施工由胥德惠、胥元明领衔的永靖县古典建筑团队
（白塔寺木工）承包。砖雕作品自 20 世纪 80 年代至
90 年代分别由穆永禄、马三虎、沈占伟、张全民、张
全光、赵英才、杨润地等砖雕名家雕刻，属于临夏拱
北建筑复兴时期的经典之作。

　　整个拱北建筑由金顶院、经堂院、中院、北院、
东下院、东北院六院以及砖洞门、彩栋（斗拱）牌坊、
大照壁九大部分构成。主体建筑为建在金顶院内的三
层八卦重檐亭阁式高大墓亭（图 8-3），其次为建在院
内的经堂及礼拜殿。

图8-3　大拱北八卦亭

　　大门入口体量较小，侧门为华丽的牌坊门，檐角
飞翘十分强烈。每个院落之间均由砖雕装饰的火焰形、
半圆形月洞门连接。最具特色的是进入侧门后狭长的
甬道，两侧墙面均用精美的砖雕堂心装饰。这些砖雕
均为各地信众捐制，图像内容虽与苏菲宗教理论相关，
但是民俗特征明显，如《四季平安》《渔樵耕读》《鹿

鹤同春》等图案，中华传统文化气息浓厚，与
大拱北门宦历来重视汉学教育的传统有密切的
关系。

　　大拱北八卦亭为三层八边塔楼式建筑
（1998年重建），上覆绿色琉璃瓦，塔身及前
部的诵经殿基本用木色装饰，色彩含蓄。塔身
开有外圆内八卦形的木雕装饰窗，塔腰部每一
侧面装饰有砖雕堂心，题材为《拱北图》《博
古图》及阿拉伯语经文，基座用风格古雅的花
卉或博古砖雕束带装饰（图8-4）。八卦亭后侧
为一大型砖雕照壁，刻有《五老观太极》图像
（图8-5），金顶院与前院之间有隔墙，通过两侧
砖雕月洞门出入。

　　大拱北建筑整体为肃穆、庄重的中式古建
格局，装饰风格含蓄、典雅，亦透露出鲜明的
河湟地域风格。拱北金顶院内诵经殿、静室等

图8-4　大拱北八卦亭基座

功修场所用色朴素，前院的附属建筑则色彩华丽，檐
下用艳丽的木雕花牵和透雕雀替、枋心彩画装饰，而
门窗仍为棕褐色油漆装饰，并绘制有素色的山水和博
古图案。

图8-5　大拱北砖雕照壁《五老观太极》

二、台子拱北

台子拱北紧邻大拱北，与大拱北有隶属关系，墓主为东乡族苏菲学者马腾翼（？～1758年）。

马腾翼为东乡县黑泉沟人，青年时期即成为著名宗教学者，曾在四川阆中清真寺中掌教。适逢祁静一为其导师阿卜杜拉修建拱北并传教，心气甚重的马腾翼率学生八人前往祁静一处辩论，终为其折服而皈依了嘎德忍耶门宦，并成为祁静一传教的得力助手，后亦遵嘱在各地坐静修行，成为大拱北历史上最重要的先贤学者之一。

台子拱北始建于乾隆二十五年（1760年），于1928年毁于兵燹，1934年重建，复建后又于1958年被拆毁。现拱北为1985年复建，占地2810平方米，建筑面积748平方米，分为前后两院，两院之间由两座精致的砖雕月洞门连接。八卦亭为三层六边形制（图8-6），金顶院左右两边分别建有两个墓亭，亭内安置包裹锦缎苫单的先贤墓冢。拱北内砖雕为穆永禄、穆忠孝、马三虎等回族艺人所作，石民等汉族古建筑艺人亦参与了施工设计，建筑装饰风格与大拱北基本一致。

三、国拱北

国拱北位于大拱北西南侧，与台子拱北斜向相对，从远处即可看到独特的穹顶八卦亭，墓主陈一明（1646～1718年），亦为华哲[①]·阿卜杜拉的弟子，是嘎德忍耶学派的著名学者，但是与大拱北没有道统传承关系。

现在的国拱北为20世纪80年代复建，占地2039平方米，建筑面积714平方米，由著名回族砖雕大师

图8-6　台子拱北八卦亭

---

① 新疆地区称"和卓"，也翻译作火者、霍加等，意为"显贵"或者"富有者"。

绽成元之子绽学仁主持规划设计，由穆永禄、马三虎
等回族砖雕名师制作。国拱北为一座比较紧凑的园林
建筑，空间不大，但是布局和装饰均十分精巧，装饰
形制比较古朴。其中的砖雕门楼及各处照壁、堂心均
为当代临夏砖雕中之精品，可以体现较为传统的回族
砖雕装饰风格。

据拱北内的宗教人士讲述，康熙皇帝还亲自为墓
主撰文立碑，以彰其功，所立碑亭 1958 年被毁。此
外，清政府亦有官方文书长期悬挂于拱北内，并按期
赐俸禄，直至辛亥革命时期方止。

马兹廓在《临夏拱北溯源》一文中有如下描述：

> 道祖姓陈，八坊陈家巷人（生平不详）。据传
> 曾救康熙皇帝危难二次。康熙帝闻知即饬建九里
> 余之拱北，而道祖已由教徒卜葬于本家祖坟茔，
> 无法扩展，即于坟址建立墓亭，亭顶以砖制为覆
> 锅形，锅周围制以小型城墙，锅示意为国，城表
> 示道祖之陈姓，取陈姓保护国家之意。清帝曾赐
> 碑一通（御赐碑文），保护拱北之黄卸扎一封，并
> 予看守者准官粮二分（凭劄文领）。河湟之变，碑
> 文均被焚毁遗失。本拱北为噶的勒（忍）耶派，
> 属大拱北管辖。①

国拱北的穹顶（覆 锅状）八卦亭是其标志性特征
（图 8-7），曾于 1985 年和 2012 年两次重建，建筑体量
加高加大，但是保持了早期八卦亭的基本形态，这种
继承可从 20 世纪 30 年代美国传教士兹威默博士拍摄
的照片上得到证实。

当代国拱北的金顶院门楼上端及围墙上端仍雕刻
了此种城堞符号，大门门楣则镌有"保国为民"四个
大字，暗示了国拱北独特的历史底蕴（图 8-8）。

---

① 马兹廓 . 1984. 临夏拱北溯源 // 甘肃省图书馆书目参考部 . 西北民族
宗教史料文摘（甘肃分册）. 甘肃省图书馆藏，460.

图8-7　国拱北八卦亭（2012年重建）

图8-8　国拱北金顶院砖雕大门

第二节　榆巴巴拱北

榆巴巴拱北是临夏地区最早修建的拱北，由于坐落于临夏旧城的北城角，故被称为城角老拱北，民间亦称"榆巴巴寺"。榆巴巴拱北是典型的纪念性建筑，虽然宗教上亦属于嘎德忍耶学派，但是没有教长，由当家人管理，与其他门宦无隶属关系。

根据大拱北内部文献《清真根源》记载，该拱北为嘎德忍耶学派一位传教士"阿里目勒台钻"在唐贞观年间二出中原时的显灵之地。而根据其他宗教文献记载，墓主为阿拉伯传教士帅格热·哈非祖。在临夏地区，榆巴巴舍身帮助群众修建城墙后化身为榆树是家喻户晓的民间故事，现拱北内仍保存了一段临夏古城墙遗迹。

据拱北内部文献记载，清代的榆巴巴拱北营造规模较小，曾建有简易的南、北墓庐两座，民国十七年（1928 年）毁于兵燹，后逐年重建，恢复原貌，1958年被关闭，20 世纪 60 年代被拆毁，1982 年开始逐步恢复重建。

榆巴巴拱北的建设是由简至繁、次第经营的典型范例，扩建工程一直持续到了 20 世纪末。现拱北占地面积约 5200 平方米，总建筑面积约 2100 平方米，以富丽堂皇的砖雕照壁装饰著称，是临夏市具有代表性的人文景观。

拱北大门是一座结构独特的三角形牌坊楼，重檐斗拱，两侧为八字照壁。进门后是宽阔的前院，和后院之间由长达 34 米的砖雕坎墙隔开，坎墙中间为高 10 米的砖雕牌坊，墙体用细磨青砖砌成，顶上用翠绿色玻璃阴阳瓦鞍架式覆盖，檐下有飞椽，镌刻祁静一《遗世宝训》。左右两边各建有拱形砖雕月洞门和 3 幅砖雕堂心，别具一格。

拱北有南北两座八卦亭，前部均有诵经殿。其中南八卦亭为 1985 年建造，突出的特点是精美的砖仿木（均为水泥制作）檐下结构。北八卦亭为 1998 年建造，为三层八边形结构，总高 31 米。第一层六面均为砖雕和木雕图案，基座上砖雕堂心的工艺极为精湛，是近现代临夏砖雕的代表性作品（图 8-9）。

八卦亭后部是宽阔的金顶院，金顶院后部为高大的山字形砖雕照壁，坐南朝北，高10 米、长 25 米，照壁上刻有嘎德忍耶门宦各处拱北的图像，是目前临夏地区体量最大的砖雕照壁（图 8-10）。

重建榆巴巴拱北是当代河湟民族艺术发展的重要事件，也是临夏砖雕艺术复兴的重要契机，一批富有才华的民间艺术新秀在此工程中崭露头角。工程承包人为陕子强，规划设计者为周敬德、马全民，砖雕均为当代临夏砖雕名师沈占伟、张全民、张全光、赵英才、马俊、韩卫龙、张海林、张尕群、康廷云等所作，其整体风格已经成为当代河州民族建筑的样本。

图8-9　榆巴巴拱北八卦亭（北）

图8-10　榆巴巴拱北金顶院及大照壁

第三节　穆扶提拱北

　　穆扶提①门宦主要有两处拱北，分别是定西市临洮县的东拱北和临夏回族自治州康乐县的西拱北，两处拱北均以宏大的建筑规模和创意十足的建筑设计著称，已经成为临夏、临洮两地著名的文化景点。

　　穆扶提门宦为虎夫耶学派最主要的门宦之一，创始人马守贞（1633～1722年）曾在临洮地区传教数十年。穆扶提门宦传承了中亚纳格什班迪教团的宗教道统，但亦有重视中华传统文化的传统，其中第三十一任教长马显忠执教时曾大力提倡办学，倡导回民儿童学习汉文，并传为佳话。

　　清康熙六十一年（1722年）马守贞逝世，享年89岁，葬于临洮城郊东峪沟口。清雍正二年（1724年）第二十七任教长主持修建了八卦亭、诵经殿、礼拜殿等建筑，这是穆扶提修建拱北的开始，后称东拱北。清同治八年（1869年），穆扶提门宦后裔移居康乐封台堡，修建了道堂，这是穆扶提拱北分为东西两处的原因。历史上的穆扶提拱北曾屡次被毁，20世纪80年代后，各处道堂、拱北得到了重建。

　　当代的穆扶提拱北总体风格没有因循河湟伊斯兰教拱北的传统形制，创意之处较多，从建筑造型、用色、园林规划等处可以看到中亚建筑和中华传统建筑的双重影响。

　　穆扶提东拱北坐落在临洮县城东郊，是穆扶提创始人马守贞及其以后的七位教长的墓园。东拱北于清同治八年（1869年）战乱中第一次被毁，1953年第二次修建，后于1966年全部拆毁。1986年3月穆扶提东拱北第三次复建，后经多年扩建，现已形成了规模宏大的园林建筑群（图8-11）。

　　东拱北依山脚修建，没有采用传统的院落式建筑格局，而是依据地形采用了较为随意的园林建筑布局，

---

① "穆扶提"系阿拉伯语音译，意为"教法说明人"。

只有在附近的岳麓山上才能看到其全貌。从地面可见拱北高大的牌坊门，其分为两重，山门为一座牌楼式建筑，上方悬挂启功先生书写的"穆扶提东拱北"匾额。大门稍小，左侧有亭一座，内有记载了东拱北历史的碑刻。院内各处还有沈鹏、朱乃正、王学仲等著名书画家书写的对联和匾额。

图8-11　穆扶提东拱北八卦亭围廊

　　东拱北的中心墓亭突破了传统拱北的形制，为长方形平顶的宫殿式建筑，顶部建有 1 个较大的金色半球形墓庐和 7 个较小的绿色半球形墓庐，象征马守贞及其以后的 7 位教长，墓庐上均有宝瓶及星月标志，在甘青地区的拱北建筑中独树一帜。主墓亭长 47 米、宽 14 米、高 27 米，面积 650 平方米，采用马蹄拱形门窗，墓亭南侧的照壁保留了传统建筑样式，装饰有浮雕彩绘的经文和赞词。

　　穆扶提西拱北位于康乐县丰台乡，这一建筑群更为隐秘，整个园区被高大的松树包裹，其内部亦曲径通幽，不论从哪个角度都无法观看其全貌。

　　西拱北始建于清光绪二年（1876年），亦多次被毁，于20世纪80年代初重建。与东拱北相比，西拱北的建筑风格更具特色，其中心墓庐修建在广场内的月台之上，由4座紧靠在一起的圆形墓亭组成，外形庄重恢弘，有天坛祈年殿的意象。近看墓亭的结构设计巧妙，装饰亦十分精美，堪称河湟民族建筑艺术的经典之作（图8-12）。

图8-12　穆扶提西拱北八卦亭

　　与墓亭相对的是一座色彩斑斓的大型彩绘照壁，照壁两面均有华丽的浮雕装饰，均由细密的水泥捏塑制作，施以绚丽的金色和蓝色彩绘（图8-13）。图案内容包括经文、松树、彩云、星月，其艺术手法较为意象，风格则中阿合璧，与周围的苍松翠柏相互映衬，构成了别具特色的艺术氛围。

图8-13　穆扶提西拱北彩绘照壁局部

第四节　毕家场拱北

　　毕家场拱北始建于清康熙五十九年（1720年），是毕家场门宦创始人马宗生及后裔的墓园，因坐落于临夏城西的毕家场而得名。拱北由毕家场门宦第二代教长马一清所建，拱北原址为康熙年间毕姓汉族乡民捐赠的麦场。

　　据教内文献记载，拱北初建时规模较大，有重檐楼阁式八卦亭、金顶院、礼拜殿以及东西花园等绿化林地。原建筑于清光绪二十一年（1895年）及民国十七年（1928年），河湟事变时两次被毁。民国二十年（1931年）由第七辈主持人马国珍重建了八卦亭、礼拜殿、东西廊房及大门，20世纪50～60年代先后拆除了所有建筑，原址上的近千株古树亦被砍伐，现建筑群为1984年9月重建。

　　与大拱北门宦一样，毕家场门宦亦得名于拱北。根据道统史记载，门宦创始人马宗生生于明崇祯十二年（1639年），殁于清康熙五十八年（1719年），祖上为陕西长安人氏。早年在西安大学习巷攻读经学，后举家迁居临夏，遂在当地清真寺担任教职，是临夏地区有史料记载最早传播苏菲教理的学者之一。

毕家场门宦与其他教派门宦之间的关系较为融洽，具有宽厚中庸的特点，从第四代传承人开始即不再传教，仅有主持人管理拱北教务和日常事务。关于民国时期的毕家场拱北，王树民在《河州日记》中有如下记载：

> 毕家场（略）今寺内有乾隆二十七年门下弟子公立之"德教碑记"，略称："吾师祖家本素封，生而颖异。幼穷天方各经，后游学四方。康熙十一年间之湟中，适西域，从希达冶通喇希游，尽得其学。后开设讲堂，学者远近皆至。"碑文中记其师祖名全真，有五子，卒后于西郊"卜地作拱北"（即拱拜）。又有道光二十三年立之"建修石坊垣宇碑记"，谓："宗师生于明崇祯十二年正月初七日子时，卒于清康熙五十八年二月二十一日寅时。"据此可知毕家场拱拜乃建立于清初者也。①

毕家场拱北现占地面积8987平方米，其中东西长111.5米、南北宽80.6米。总建筑面积2796平方米，有大八卦亭1座，小八卦亭11座，回廊1个，牌坊1座，大门1座，清真寺及照壁各1座，以及办公室、西客厅、厨房、水塘等。②

当代毕家场拱北的整体格局为河湟地域风格浓厚的园林建筑群，布局仍沿用了中国庭院式传统建筑的风格，以墓庐为中心的礼拜殿、牌楼、照壁等主体建筑呈南北向中轴线排列，厢房、住房、沐浴房等对称居两边，但是建筑体的整体风格集庄重与活泼于一体，

---

① 中国人民政治协商会议甘肃省委员会文史资料研究委员会编. 1988. 甘肃文史资料选辑·第28辑·甘青闻见记·河州日记. 兰州：甘肃人民出版社，274.
② 数据来自毕家场门宦内部资料。

有大胆而率真的民间特点，为独具文化创意的民族建筑。

大门为一字牌坊墙垣式大门，拱形门洞，门框饰有水泥赋彩的葡萄雕刻。门侧有中阿文对照对联一副，中文为"斯大明始是分映万灯，惟妙笔乃能装修"。大门门额上有阿拉伯语经文雕刻，大门两侧为砖雕照壁（图8-14）。

进入正门有一天井，正面为大照壁，上刻《五老观太极》图像，由左右两侧的砖雕月洞门进入院子。建筑群分为两院，前院为公共活动场所，有礼拜寺和办公区，后院为金顶院，两院之间由一座高大的牌坊门相隔。

马宗生的墓庐八卦亭（图8-15）是建筑群的核心，基座和建筑体为四面体结构，建筑体上部为带斗拱的二层重檐，飞檐翘角，上覆盔式顶。房檐下悬挂有多块各地清真寺、拱北所敬献匾额，匾额内容极富传统文化内涵。

图8-14 毕家场拱北大门

主八卦亭后侧及东西两侧为创始人后裔的八卦亭，东西各 5 个，呈严格对称。这些小型墓亭的建筑形制较为特殊，下半部为典型的亭式建筑，歇山顶上部则附加阿拉伯建筑的球形顶，虽略显冲突，却极富创意。檐下装饰结合了斗拱和河湟地域建筑特有的苗檩花牵结构，装饰繁复细密，花牵和雀替均为镂空雕刻。

彩绘是毕家场拱北的一大亮点，主体建筑基座遍饰水泥砖雕花卉，堂心为卷草及各类吉祥主题图案，并施以炫目的蓝、绿、黄色彩绘（图 8-16），其风格显然受到了河湟藏式建筑彩绘的影响。

图8-15　毕家场拱北八卦亭

图8-16　毕家场拱北八卦亭基座彩绘

第五节 胡门拱北

胡门拱北位于临夏回族自治州广河县，墓主马伏海为胡门门宦创始人，临夏东乡高山那奴村人，曾于清乾隆十一年至十四年（1746～1749年）在西安崇文寺求学，精通经学和天文历法。根据胡门门宦教内解释，因马伏海体貌魁伟，胡须于80岁时变黑，被百姓称作"胡子太爷"，故得"胡门"之名。

胡门拱北始建于清嘉庆六年（1801年），曾于清同治年间整修，民国十七年（1928年）遭战乱破坏，后于20世纪60年代拆毁。现在的拱北建筑重建于1985年，基本保留了清代拱北的形制格局，八卦亭原为二层，重建后增高至三层。

在临夏地区的拱北中，胡门拱北的修建具有特殊的意义。在门宦内部文献的记载中，胡门拱北为马伏海亲自设计并破土监修，并在天花板上亲手绘制了日月星辰、二十四节气图案，显示了其丰富的学养和艺术才能。其八卦亭具有典型的中式古建风格，这一创举在其后的发展中影响了整个河湟地区伊斯兰建筑的形制。

1985年重建的拱北基本保持原建筑风格，结构精巧，为广河县重要的文化景观。

胡门拱北的选址高低错落，紧邻胡门清真寺。入口旁为重檐斗拱结构门楼，由此进入前院。前院内建有一独立院落，入口为一座平面呈反三角形，飞檐翘脚，由华丽斗拱支撑的三角牌坊门（图8-17），两侧为八字形照壁，为典型的清代河湟伊斯兰建筑形制，其风格类似于临夏市红园清晖轩牌坊门楼（该建筑系解放初期从各清真寺迁移）。

前院四周墙壁均由高大的砖雕照壁组成，正对牌坊门的照壁最为高大，砖雕堂心图案为《五老观太极》图，系著名砖雕师马三虎所作。其余照壁图案为《四季平安》《石生富贵》《石桐菊》等内容，为著名砖雕大师绽学仁（绽成元之子）作品。

图8-17 胡门拱北三角牌坊门

　　牌坊门侧有一砖雕装饰的小型拱门可进入内院。内院为三合院形制，三面为房舍，一面为回廊，主要为拱北的公务接待和生活区。由内院上台阶，由两座诵经殿之间的甬道进入金顶院。金顶院地坪高出内院数米。八卦亭南北两侧为门宦历代传教人的墓区，按照辈分次序排列，小型石雕墓冢（拱子）均用锦缎苫单覆盖。

　　核心建筑八卦亭为三层六角，建于月台之上。上部为重檐斗拱，彩绘装饰华丽。八卦亭第一层较高，为六边形开放式厅堂建筑，分为六个入口，内部环绕中央墓厅形成贯通的环形走廊，可同时容纳六组信众同时诵经祈祷（图8-18）。八卦亭台阶前置三足香炉一座，用《二龙戏珠》图案装饰，里面密插红绿两色香火。

图8-18 胡门拱北八卦亭近景

第六节 华寺拱北

　　华寺拱北为临夏虎夫耶学派华寺门宦创始人马来迟（1681～1766年）的墓园，始建于清乾隆三十一年（1766年）。据教内文献记载，华寺拱北初建时主体建筑为三层八卦亭墓庐，占地60多亩。

　　马来迟与马伏海、祁静一、马明心同为清初临夏地区著名苏菲学者和传教人，其在青海卡力岗地区传教的事迹在民间长期流传。据教内人士介绍，华寺被民间称为"花寺"，与早期修建的清真寺曾仿照藏式建筑装饰有关，这一传说可在青海省现存的孟达清真寺等清初古寺的装饰风格中得到印证。

华寺拱北扩建始于清嘉庆二年（1797 年），门宦
第三代教长马光宗因协助平定白莲教起义有功，被清
政府赐"协镇"之职，并赐琉璃瓦等材料，扩建了华
寺拱北，此后于清光绪二十一年（1895 年）河湟事变
中被毁。20 世纪 40 年代，第六代教长马显福主持复
建了主体建筑，20 世纪 50 ～ 60 年代又被拆毁。

　　华寺拱北现在的八卦亭为 20 世纪 80 年代依据民
国时期八卦亭的样式重建（图 8-19）。八卦亭为钢混结
构三层八角塔楼式墓亭，飞檐翘角，一层立面用华丽
的水泥捏塑装饰，不施彩绘，整体造型较为厚重，风
格庄重素雅（图 8-20）。

图8-19　华寺拱北八卦亭

图8-20 华寺拱北大门及八卦亭水泥砖雕

拱北内另有砖木结构八字形牌坊门一座，为 20 世纪 80 年代初修建。据拱北内人士讲述，在条件允许时会根据文献记载复原清代华寺拱北的原始建筑格局。

第七节 临夏市其他拱北建筑

一、河沿头拱北

河沿头拱北始建于清康熙年间，为传说中华哲·阿卜杜拉与大拱北道祖祁静一会面的地点，后由临夏祁家庄群众集资修建拱北。

笔者考察时，拱北扩建工程刚刚完成，从拱北外侧大街上即可看到拱北宏伟的八卦亭和华丽的檐下装饰（图 8-21）。院内有连续的过院，四壁均装饰密集的砖雕堂心，院落之间由精美的砖雕月洞门相连。其金顶院大门为高大的八字形牌坊门，上部为典型的重檐斗拱结构，特别之处在于两根牌坊柱上缠绕两条金龙。

拱北内部装饰密集，其中砖雕是笔者近年考察所见最为豪华者，装饰效果亦极为出众。其中一座巨型《九龙戏珠》砖雕照壁为目前临夏地区最大的砖雕龙壁。拱北内的其他装饰图案种类繁多，内容丰富，民俗气息浓厚，除不雕刻人物之外，几乎看不到明显的宗教禁忌，堪称临夏砖雕图案之集大成者（图8-22）。

图8-21 河沿头拱北一角

图8-22 河沿头拱北中院砖雕照壁

拱北八卦亭为三层四边形砖木结构，形制中规中矩，建造质量属上乘。院内附属建筑亦多用细密、精美的木雕装饰，整体装饰规格较高，在临夏地区拱北建筑中具有较高知名度。

二、井口拱北

井口拱北占地 1332 平方米。根据文献考证，井口拱北始建于清道光十年（1830 年），墓主为马伊斯玛儿（1767～1830 年），人称"井口瞎太爷"，临夏八坊人。拱北属于虎夫耶学派，曾隶属于北庄门宦。《临夏门宦调查》一书作者曾采访拱北当家人，认为墓主应为清道光年间人士，因曾在井底修道而得名，农历十月十七是其归真（逝世）的日子，每年都举行尔麦里活动。①

拱北复建于 1992 年，大门较小，类似一般民居大门，进入后有一个小型的天井，正对门有一座砖雕照壁，左侧由一个砖雕月洞门通向金顶院。整个院落亦分为前后两院，前院仅有几间守墓人居住的房屋。后院建有一座单层六边形的八卦亭，形制较为古朴，前部开有拱门，立面用砖雕圆光装饰，后部建有一座小型照壁。院内并有零星几座砖雕墓冢，其他地面均被茂密的花卉植物覆盖，是笔者在调研中见到的最为简朴、静谧的拱北（图 8-23）。

图8-23　井口拱北庭院及天井照壁

① 李维建，马景. 2011. 临夏门宦调查. 北京：中国社会科学出版社，161.

三、太太拱北

太太拱北紧邻榆巴巴拱北，是嘎德忍耶学派一位苏菲女修士的墓园，墓主名叫华英阿舍，是洮州（今临潭县）人，生于清康熙二十年（1681年），卒于雍正二年（1724年），据传为大拱北创始人祁静一的弟子，去世后葬于此地。

太太拱北的占地面积1365平方米，大门并不宽阔，用精巧的木雕装饰，进门正对砖雕照壁，经紧凑精致的天井通向内院。八卦亭为二层六边形砖木结构，前部建有诵经殿，后侧为砖雕照壁，上刻《五老观太极》图像。八卦亭侧壁有圆窗装饰，砖雕纹饰细密古朴，为《博古》和《暗八仙》图像，工艺古朴，风格较为传统（图8-24）。

诵经殿上的木雕装饰工艺精湛，图案繁复，中心梁柱间有一对木雕龙头，据称为永靖县木雕艺人所作。院中另有砖雕照壁两座，一侧院墙上有两幅磨砖对缝的空白砖雕堂心，这一朴素的形制在当代拱北中已经比较少见。

图8-24　太太拱北大门及八卦亭

四、太爸爸拱北

太爸爸拱北始建于清康熙年间，亦为一座形制简朴的拱北，于1995年复建。进入大门有一座简单的砖雕照壁，右侧的月洞门通向前院。穿过前院，一座砖雕月洞门通向金顶院，院内有单层六边形的八卦亭一座，后侧有砖雕照壁，八卦亭与照壁上的纹饰亦比较简单古朴，另建有诵经殿一座（图8-25）。

据拱北内的文献介绍，墓主太爸爸系阿拉伯半岛人士，道号"穆罕默德·伊斯哈格"，生于1632年，归真于明末清初之际来中国传教，精通阿拉伯语和波斯语，为华寺门宦创始人马来迟的经师。

1672年，太爸爸受毕家场门宦创始人马宗生，大拱北门宦创始人祁静一及马来迟之父马家俊的邀请同赴青海湟中凤凰山谒见华哲·阿卜杜拉，并受传其虎夫耶学派教理。

图8-25 太爸爸拱北八卦亭

第八节 积石山县、康乐县、东乡县 拱北建筑

一、高赵家拱北

高赵家拱北位于积石山县高赵家村，是高赵家门宦的唯一一座拱北，属于嘎德忍耶学派，信众主要为积石山县的保安族群众。门宦创始人为保安族人马叶哈亚（？～1928年），19世纪20年代曾在青海省化隆县经商并传教，后回高赵家村原籍发展教众。

1985年以来，高赵家门宦陆续修建拱北和道堂，经多年扩建，已形成独具特色的拱北园林建筑群。拱北建有高大的牌坊大门，飞檐高翘，搭配绿色琉璃瓦，木构部分用橙色油漆搭配描金彩绘，形色俱佳。前院空间宽阔，侧门向西连接金顶院（图8-26），金顶院内主体建筑为三座木结构的八卦亭，上覆绿瓦，橙色木构主体搭配灰色砖雕基座。对面向西方向建有高大的诵经殿和砖雕影壁，南北方向建有回廊，周围院墙均用砖雕装饰。院内花坛遍植花卉，与朴素的木构建筑掩映生辉，形成独特的空间意象和视觉效果。

图8-26　高赵家拱北金顶院

　　高赵家拱北建筑主体采用纯木结构，与积石山县、民和县、循化县一带流行的民居建筑风格统一。设计和施工单位均为永靖县白塔寺古建施工队，建筑和装饰工艺精致悦目，艺术感很强，兼有温润秀美的南方建筑神韵（图8-27）。

图8-27　高赵家拱北八卦亭

　　笔者采访时适逢拱北举行积石山县作家协会的文化活动，县内作家、诗人云集，文化气息十分浓厚。此外，附近高赵家门宦新建的清真寺刚好落成，建筑风格与拱北保持一致。

二、湾儿拱北

　　湾儿拱北位于康乐县附城镇松树沟村，为近年康乐县进行文物普查时发现，也是目前临夏地区保存最完整的清代拱北建筑，初步推断建于清中期，应为河湟拱北的早期形制，有较高文物价值。

　　湾儿拱北坐落于山坡上，周围有数株高大的古松柏树环绕，建筑整体及周边环境均保存完整。拱北中的八卦亭为一座六边形单层墓庐，通高 12 米、周长42 米。墓亭顶部为六角攒尖盔式顶，灰瓦龙脊，顶部饰有琉璃宝珠一串，其上有一新月形图案。檐下斗拱为临夏地区较少见的"如意踩"，共分四层，砖雕锤头之间用花牵板勾连，镂空雕刻螭纹寿字图案，须弥座及腰束为福寿及西番莲图案。墓庐正面开有马蹄形半圆拱门，墓庐内部为青砖铺地，墓庐内顶部砌为穹窿顶（图8-28）。

图8-28 湾儿拱北八卦亭

　　墓庐立面有砖雕堂心三幅，梅花锦地镂空砖雕圆窗两个，其中的《墨龙三显》图与临夏市清真北寺大照壁上（建于清乾隆六年，1741年）的同名砖雕堂心相似度较高（图8-29）。此外，《菊花》《翠竹》《青莲》等砖雕堂心以及漏窗制作精美，风格和技术特征与青海循化县古清真寺砖雕趋同，应为同一时期作品，惜题款被尽数磨平，无法获知确切修建年代。

图8-29　湾儿拱北八卦亭砖雕堂心《墨龙三显》

　　2012年，该拱北成为康乐县县级文物保护单位（现已成为省级文物保护单位），政府和信教群众集资扩建了外院、内部金顶院及配套建筑设施，正处于持续扩建中。

　　湾儿拱北为传说中清康乾年间一位中亚传教士的纪念冢，故不隶属于任何门宦。据拱北的看守老人讲述，湾儿拱北在历史上多次面临被毁的危险，但是都由于发生了"克拉麦提"而得以幸存。值得一提的是，该拱北的信众中有许多周边村镇的汉族群众。拱北纪念日为农历四月十六（显现日）和八月十四（建拱北日子）。①笔者考察时适逢拱北大门重建，为高大的多层牌楼式建筑，整体色调由数种灰色阶构成，比较雅致，经询问为康乐本地回族施工队所建，其彩绘风格也是近年流行于康乐县一带的素雅风格。

————————————

① 另据拱北看守人讲述，原先的宗教节日为农历四月，后考虑到此季节庄稼作物尚未成熟，群众难以负担宗教活动的支出，遂改为农历八月十四进行。

三、韩则岭拱北

韩则岭拱北亦称作哈木则拱北，同为东乡语的音译，位于临夏回族自治州东乡族自治县坪庄乡韩则岭村，为临夏地区历史最古老的拱北之一，为元代传教士哈木则巴巴（1310～约1400年）的墓园。

根据历史学者的相关研究，哈木则巴巴不仅是宗教领袖，也是当地的世俗领袖，且曾于明代被政府册封为土司，拱北中保存有明代皇帝颁赐的"肃静""回避"牌，并可与《明史·西域传》《秦边纪略》等古文献中的资料相互印证。[①]基于上述历史，哈木则巴巴后裔众多，并形成了规模较大的宗族，据不完全统计有千余人。值得一提的是，由于哈木则宗族实行氏族外婚姻制度，故宗族成员分布较广，除东乡族外还有部分汉族群众，由此可以印证临夏地区民族交融的历史。每年农历八月十六为哈木则巴巴忌日，在哈木则拱北举行持续1周左右的纪念活动。宗族成员较近者皆来参加，路途遥远者则选代表参加，这一天也因此成为宗族成员间交往的纽带。[②]

拱北位于一座凸起的山间台地上，地势高低错落，有院落数座。笔者调研时适逢拱北重建八卦亭，因历次修建时均将古代砖雕堂心保存后重新安装，故拱北内古砖雕遗存十分丰富。现存砖雕拱门数座，砖雕影壁及堂心数10处，内容除青莲、梅花、牡丹、博古、香炉等图案外，狮、虎、鸳鸯、蝙蝠等动物图案也十分常见，雕刻手法十分稚拙，生活气息浓厚且生动有趣。从古砖雕（部分为拆除待安装状态）上的文字分析，该拱北于清道光二十四年（1844年），清同治丁卯年（1867年），民国二十一年（1932年），1983年先后进行过多次改建和整修。

---

① 马志勇先生认为《秦边纪略》中"卫西番二十四族，皆辖于苏、韩、哈、王四土司"，其中哈土司即指哈木则。

② 马兆熙．2003．东乡哈木则宗族形成与发展的考察研究．西北民族研究，（3）：178-206．

哈木则拱北存有多件重要宗教文物，其中一部手抄本古兰经历史悠久，2010 年经国内外专家联合鉴定成书于 9～11 世纪，为国内现存最早的手抄本古兰经，具有极高文物价值，现存放于附近政府投资新建的东乡族民俗博物馆中。此外，拱北内存有古代卷轴画一幅（图 8-30），根据内容定名为《皇帝狩猎图》，此图的规格和形制近似民间神像绘画，被认为是明代皇帝的肖像，具体内涵尚需考证。

哈木则拱北不只是一座宗教先贤墓，同时也具有一定的宗祠功能，更是文化传播、民族迁徙和大融合背景下一个多元宗族的精神信仰中心。

笔者在田野调查中适逢拱北整修扩建，正在修建中的八卦亭整体为三层、六角的传统八卦亭形制，基座及承重主体为六边形混凝土结构，重檐部分为二层纯木构件（图 8-31）。工程由康乐县苏集乡的回族掌尺设计并率队施工，后院工棚中，按尺寸开好的斗拱部件整齐摆放，几位回族雕刻师正在雕刻纯木质花牵板（图 8-32）。

图8-30 韩则岭拱北藏明代卷轴画

图8-31　修建中的韩则岭拱北八卦亭

图8-32　韩则岭拱北中施工的回族艺人

四、大湾头拱北

　　大湾头拱北位于临夏回族自治州东乡县北岭乡大湾头村，为库布忍耶学派张门门宦最主要的拱北，墓主为明代阿拉伯传教士穆乎引迪尼·阿布杜力·嘎迪尔。据教内文献记载，穆乎引迪尼曾先后三次来中国传教，最后定居于东乡大湾头村躬耕并传教，当地张姓汉族群众赠地九亩修建清真寺。为答谢群众，穆呼引迪尼随汉姓张，名玉皇，字普济。彼时大湾头村回汉两族关系相处十分融洽，故被称作"大湾头门宦"，民间亦称"张门"，至今大湾头村回族群众多姓张。

据张门门宦教长介绍，大湾头村位于东乡山区，交通不便，山上曾经只有一条狭窄的便道通行。此外，当地自然气候干燥、耕地缺乏、土地贫瘠，遇到干旱年时，乡民只能赶马顺着陡峭的便道下山去洮河拉水上山，极为艰苦，故旧时村民多被迫迁徙他乡谋生。

20世纪80年代初拱北复建的时期，为了解决上山的困难，周边乡村的群众自发按户出工近千人，在没有大型机械的情况下，靠人拉肩扛的方式在短短20天内修建了上山道路，至今大湾头门宦与周边群众关系仍较为和睦，并保持了开放的文化观念，各民族人士参观均予以热情接待。

根据大湾头拱北竣工纪念碑文的记载，大湾头拱北始建于明末，迄今为止大规模的重建已有五次。1985年，大湾头拱北第五次重建，曾修建三层八卦亭一座，2010年起由第十一辈教长张明义先生主持，由信众集资，由康乐县苏集镇回族匠师设计并带队施工，历时三年扩建成现在的规模。

完工的大湾头拱北是由道祖拱北、五太爷拱北、下拱北等三座拱北组成的建筑群。拱北的整体布局依地势高低错落修建，其中重建的道祖拱北为五层八边形八卦亭，整体呈宝塔状，在临夏地区苏菲拱北的八卦亭中为层数和边数最多者。五太爷拱北为三层六边形八卦亭，但是装饰风格与前者统一。整个建筑群气势宏伟，在东乡县干涸的黄土台地上显得体量高大，其建筑结构、装饰均有创新，尤其遍布建筑体的装饰彩绘丰富生动，色彩明丽和谐，品位不俗（图8-33、图8-34）。

图8-33　大湾头拱北一角

图8-34　大湾头拱北诵经殿及八卦亭

在临夏地区的苏菲拱北中，大湾头拱北的修建充分集合了各处拱北的建筑装饰经验，空间布局、建筑结构、装饰水平均数上乘，同时绿化改造了周边环境，为近年河湟地区民族建筑的推陈出新之作。

五、沙沟门拱北

沙沟门拱北位于东乡县车家湾乡境内，拱北背靠大山，建于两山之间一处黄土山坳中，南临洮河，与临洮县太石镇水泉村隔河相对。由于山峦阻隔，从附近高速公路上几乎不能窥见，是所有东乡县拱北中最

为隐秘的一处。2016年从三甲集镇到车家湾乡的等级
公路通车前，此处仅有一条土路，由于塌方频繁，前
往拱北的道路极为难行。

沙沟门拱北为传说中在临夏地区传教的40位"古
土布"之一赛义德·伊卜尼·安巴斯巴巴的纪念冢。在
宗教人士的口述史中，安巴斯巴巴为明代阿拉伯传教
士，后定居此地，其后裔分散居住于广河县、康乐县一
带，已逾千人。拱北藏有安巴斯巴巴带来的手抄本古兰
经3套及"舍者勒"①1件，近年为防止窃贼觊觎，上述
珍贵宗教文物已转移至广河县由教内各家族轮流保管。

拱北内原先只有一个先贤修行过的山洞，自20世
纪80年代初起经过多次整修扩建，现已具备一定规模。
沙沟门拱北的宗教纪念日为古历6月16日和8月16日，
分别为墓主的诞生日和归真日。据拱北的当家人讲述，
旧时洮河水面较宽阔，两岸百姓商业交流较多，当年修
建拱北时，水泉村汉族百姓亦捐款捐物。

拱北大门建于
2001年，为两层
飞檐斗拱牌楼式建
筑，两侧有六块八
字形排列影壁，分
别用葡萄、松柏、
梅、竹、柿子、桃
树图案彩绘砖雕装
饰（图8-35）。拱
北内院有一处20
世纪80年代修建
的水泥砖雕照壁，
堂心为树状的道统
谱系图案，周围
镌刻阿拉伯文字，

图8-35　沙沟门拱北大门牌楼

---

① 舍者勒为一只竹筒，装有用波斯语书写的道统谱系图，应属于传教
　凭证，也有文献译作"模屏"。

拱北内的诵经殿亦将此图案与文字装饰于墙面。中院通向先贤修行的山洞前有大型彩绘砖雕影壁一座，用葡萄、松柏、梅花、竹石图案装饰，水泥捏塑层次分明，立体感呼之欲出，在绿色底色衬托下极为鲜明醒目（图8-36）。

金顶院右侧有素色水泥影壁一座，堂心为松柏图案，两侧马蹄拱门额上为阿拉伯语古兰经经文。八卦亭原为二层，近年已重新扩大并改建为三层。拱北内所有建筑均用绚丽的彩绘雕刻装饰，其风格极为独特，与临夏市内崇尚含蓄、素洁的拱北在审美气息上有较大差别，同时也区别于当地的民间寺庙建筑装饰。

沙沟门拱北的设计和建造者均为康乐县回族艺人，其中彩绘砖雕由康乐县鸣鹿乡回族艺人马学龙制作，工艺尤为出众，经了解该拱北为东乡县拱北中最早大规模使用此种装饰手法者，近年临夏地区的彩绘砖雕工艺至今仍效仿此风格设计制作。

六、石峡口拱北

石峡口拱北位于东乡县唐汪镇卧龙山，滨临洮河。民间传说中罕乃非耶在现峡口拱北内的一处天然石洞中静坐、辟谷修行，于1689年农历三月二十五归真，因与大拱北门宦先贤华哲·阿卜杜拉的归真日期一致，故最初由大拱北门宦派人看守。

根据石峡口拱北宗教文献记载，其宗教道统属嘎德忍耶学派，宗教理念较为开放，迄今已传承十辈，其中第三辈当家人齐性传为临洮县衙下集镇汉族人士。因地处偏僻，交通不便，石峡口拱北的修建历程极为艰辛，历经清、民国等多个历史时期仍屡建屡毁，未能完工。20世纪80年代初落实宗教政策后，石峡口拱北第九辈当家人唐世灵（教内尊称七阿爷）主持复建工作，当年即在岩石峭壁上开凿了一条长达2000米的公路，解决了交通问题，其后经过近30年的次第

（a）

（b）

图8-36 沙沟门拱北大照壁彩绘砖雕

建设，于 2007 年在第十辈当家人杨真芳主持下全部完工。

　　石峡口拱北建筑群依地势高低修建，包括"上八卦"及"下八卦"两处拱北。下八卦亭完工于 1986 年（图 8-37），上八卦亭复建于 1984 年，后于 2000 年对上八卦亭进行了扩建整修（图 3-38）。

图8-37　石峡口拱北下八卦亭

图8-38　石峡口拱北上八卦亭基座

现在的上八卦亭为三层八边形，高达 38 米，立面砖雕为沈占伟、张全民、张全光、赵英才等砖雕名家作品，堂心为《博古》《庵古鹿拱北》《巴巴寺》[①]图像，基座及腰束连续装饰暗八仙及梅、兰、竹、菊花卉图案，风格古朴、凝重，雕刻工艺精湛，尽显河州砖雕的风韵。

拱北大门为 2004 ～ 2007 年间修建，坐落于山口坡面上，高度 36 米、跨度 46 米。因正门内侧放置教民捐赠的七彩巨石一尊，故名为"七花门"。大门主体为"山"字形多层牌楼建筑，檐下斗拱规格较高，顶部为宝瓶及星月装饰。大门自下而上呈七级阶梯状，立面共有七个火焰形门洞，大门两侧为八字形照壁，均用彩绘装饰，为康乐县回族施工队设计施工（图 8-39）。

图8-39　从石峡口拱北大门远眺唐汪川

第九节　兰州灵明堂拱北

灵明堂拱北坐落于兰州市五星坪卧龙岗黄土台地

[①] 庵古鹿拱北位于青海循化县查汉都斯乡公伯峡境内，为传说中明代苏菲派先贤传教显迹的地方。巴巴寺为大拱北先贤华哲·阿卜杜拉墓园，坐落于四川省阆中市蟠龙山南麓，亦名"久照亭"。

上，是当代河湟拱北建筑艺术的集大成者。灵明堂门宦属嘎德忍耶学派，创建人为马一龙（1853～1925年，字灵明）。

灵明堂拱北始建于1936年，由第二任教长单子久（1884～1953年）主持修建了灵明堂西园拱北，1944年竣工。1986年国家落实宗教政策返还拱北用地，第三任教长汪守天主动提出承包兰州市五星坪卧龙岗荒山建立拱北，连带绿化荒地一并经营养殖业。此后多年，信教群众在卧龙岗填沟整地，在修建拱北的同时绿化寺院周边荒山千余亩。寺院建设经费和经济收入主要依靠其林业、养殖业，其"以寺养寺"的发展道路起到了模范表率作用。经过30多年次第建设，灵明堂拱北已经以宏大的建筑和华美的装饰驰名国内，成为兰州市两山绿化工程的亮点和重要的人文景观。

灵明堂拱北建筑为典型的中国古建筑园林风格和格局，但是融合了多民族建筑文化元素，体现出鲜明的文明交融理念，建筑体量庞大，装饰华美，令人叹为观止。

灵明堂拱北现占地面积2万平方米，其中高35米的"五朝门"门楼体量宏大，肃穆壮观，为拱北入口（图8-40）。此门结合了中华传统建筑的城楼、门楼设计，在厚重的重檐斗拱结构下建有5个拱形门洞，并巧妙融入了河湟民族建筑中砖雕、木雕、彩绘等多种装饰形式（图8-41）。

拱北内主要建筑为礼拜殿、东西四合院、三花门（金顶院大门）、两座八卦亭（图8-42）、后照壁等。

灵明堂拱北的建设历经30余年，山西、陕西和甘肃临夏的民间建筑艺人均曾参与设计施工，建筑布局规整、功能完善，结构、材料运用合理，设计巧妙得体，装饰精美华丽，为不可多得的民族建筑艺术经典，受到国内外建筑学界的一致赞誉。此外，灵明堂门宦的文化理念十分开放，拱北常年接待各民族、各领域人士参观交流，并致力于教育、慈善、扶贫等社会事业，赢得了良好的社会声誉。

图8-40　灵明堂拱北门楼

图8-41　灵明堂拱北砖雕与彩绘装饰

图8-42　灵明堂拱北八卦亭

结　语

　　艺术文化是河湟民族文化的重要表征，在河湟民族文化发展的进程中，艺术活动以及其所呈现的多元叙事方式无疑具有积极的文化能动性，其对于文明和语言的差异性起到了良好的调和作用，并显著地填补了文字和语言所不能涉及的心理空白。同时，艺术文化的多元性、传播性、共享性在文化交流中起到了重要的互动和沟通作用，即使在完全不同的文化系统和知识背景下，艺术形式和符号的共享也可以成为文化认同的基础，这一特质使优秀的文化传统得以跨民族、跨地域传承并保持活态地发展。

　　作为河湟地区重要的人文文化景观，拱北来自多民族社会力量的共同塑造，是多元的审美情趣、民族性格与社会实践构成的整体。在宏观层面，拱北是文明互动与互鉴的历史文本，其形制的演变、社会功能的拓展基于持续的社会文化变迁和整合行动。在微观层面，拱北的文化形态体现了多元文明对话的共时关系，表现出在互动中发展、在差异中共生的文化间性特质。

　　从社会发展的视角关照，拱北是文化整合的产物，体现了多元文化交融发展中追求文化共相的精神理念，其文化内核始终植根于中华传统文化，多元共生的文化形态表现出鲜明的文化认同和民族认同，反映了中华传统文化强大的包容性和生命力，形象地呈现了中华民族多元一体格局的深刻内涵。

　　在文明对话的过程中，人类文化的"共相"与"根性"是沟通和交流的基础，其既促成了文化的多元性，亦直接和间接地促进了文化的创新。基于这种内在机制，文明间对话的形成往往超越语言和文化的差异性，以持续生成、演化的文化符号为表征，体现为历史性的互动关系。此过程中，人类知识的普遍性、共同性会不断解构文化间的壁垒，转化为文明对话的内在动力和精神张力，也可以认为，文明的对话、文化互释的实质是跨界寻求人类文化"共相"的过程。

参考文献

（德）奥斯瓦尔德·斯宾格勒 . 2001. 西方的没落 . 齐世荣等译 . 北京：商务印书馆 .

（元）拜柱等 . 1998. 大元圣政国朝典章 . 北京：中国广播电视出版社 .

陈德成 . 1996. 论苏非主义的思想渊源 . 中央民族大学学报，（2）：36-44.

陈晓斌 . 2009. 河湟地区民族关系探析 . 湖北第二师范学院学报，（7）：43-44.

陈垣 . 2000. 元西域人华化考 . 上海：上海古籍出版社 .

程静微 . 2005. 甘肃永登连城鲁土司衙门及妙因寺建筑研究——兼论河湟地区明清建
　　筑特征及河州砖雕 . 天津大学硕士学位论文 .

丁明俊 . 2017. 拱北、穆勒什德与苏菲门宦道统传承 . 北方民族大学学报（哲学社会
　　科学版），（1）：98-99.

丁谦，马德良 . 1991.《五更月》浅识 . 中国穆斯林，（5）：33.

杜常顺 . 2004. 论河湟地区多民族文化互动关系 . 青海社会科学，（4）：120-124.

（宋）范晔 . 1965. 后汉书 . 北京：中华书局 .

冯今源 . 1985. 关于门宦教派问题的刍议 . 新疆大学学报，（4）：28.

甘肃省图书馆书目参考部 . 1984. 西北民族宗教史料文摘（甘肃分册）. 甘肃省图书
　　馆藏 .

郭广辉 . 2012. 移民、宗族与地域社会 . 西南民族大学硕士学位论文 .

郭兰茜，周传斌 . 2014. 土耳其毛拉维教团的萨玛仪式及其象征意义 . 世界宗教研究，
　　（6）：146-154.

韩家炳 . 2006. 多元文化、文化多元主义、多元文化主义辨析——以美国为例 . 史林，
　　（5）：185-188.

韩永静 . 2011. 西方传教士在中国穆斯林中的早期传教活动研究 . 北方民族大学学报
　　（哲学社会科学版），（5）：129-136.

郝苏民 . 1999. 丝路走廊的报告：甘青特有民族文化形态研究 . 北京：民族出版社 .

胡海胜，唐代剑 . 2006. 文化景观研究回顾与展望 . 地理与地理信息科学，（5）：95-
　　100.

胡易容 . 2013. 符号修辞视域下的"图像化"再现——符象化（ekphrasis）的传统意涵
　　与现代演绎 . 福建师范大学学报（哲学社会科学版），（1）：60.

霍维洮.2012.近代西北回族社会组织化进程研究.银川：宁夏人民出版社.

贾伟，李臣玲，张海燕.2011.分歧中的和谐——奄古鹿拱北的人类学调查.青海社会科学，（3）：146-150.

金宜久.1994.伊斯兰教的苏非神秘主义.北京：中国社会科学出版社.

金宜久.1995.伊斯兰教在中国的地方化和民族化，世界宗教研究，（1）：1-8.

（美）克利福德·格尔茨.2014.文化的解释.韩莉译.南京：译林出版社.

李江.2007.明清甘青建筑研究.天津大学硕士学位论文.

李维建，马景.2011.甘肃临夏门宦调查.北京：中国社会科学出版社.

李兴华，冯今源.1985.中国伊斯兰教史参考资料选编（1911—1949）（上册）.银川：宁夏人民出版社.

林鹏侠.2000.西北行.银川：宁夏人民出版社.

临夏回族自治州概况编写组.1986.临夏回族自治州概况.兰州：甘肃民族出版社

临夏回族自治州委员会文史资料委员会.1990."尕德忍耶"大拱北"门唤"历史渊源.临夏文史资料（4）.内部发行.

临夏州志编纂委员会.1993.临夏回族自治州州志.兰州：甘肃人民出版社.

刘慧.2010.从莫拉维的《笛赋》看苏非神秘主义对"爱"的诠释.大家，（19）：18-19.

刘梦溪.1996.中国现代学术经典：顾颉刚卷.石家庄：河北教育出版社.

刘涛.2019.亚像似符、符号运动与皮尔斯的视觉隐喻机制.教育传媒研究，（1）：11-13.

刘文海.2003.西行见闻记.兰州：甘肃人民出版社.

刘致平.1985.中国伊斯兰教建筑.乌鲁木齐：新疆人民出版社.

（民国）刘郁芬修.杨思，张维等纂.1937.甘肃通志稿·卷二十六.甘肃省图书馆藏.

（清）刘智.1990.天方典礼译注.纳文波译注.昆明：云南民族出版社.

（日）柳宗悦.2006.民艺论.孙健君译.南昌：江西美术出版社.

吕倩.2012.图像学语境下的中世纪基督教与伊斯兰教宗教建筑比较研究.天津大学博士学位论文.

马冬雅.2013.伊斯兰教"赞念"的韵律解读.中国穆斯林，（2）：34.

马进虎.2010.多元文明聚落中的河湟回民社会交往特点研究.西北大学博士学位论文.

马平，高桥健太郎.2002.关于"尔曼里"的社会人类学思考.宁夏社会科学，（4）：57-61.

马平.2007."文化借壳"：伊斯兰文化与中国传统文化有机结合的手段——关于嘎德忍耶门宦九彩坪道堂的田野考察.西北第二民族学院学报（哲学社会科学版），（4）：5-10.

马平.2009.甘宁青"穆斯林民族走廊"研究.北方民族大学学报（哲学社会科学版），（4）：5-8.

马廷义.2017.《太极图说》思想在清代伊斯兰哲学中的运用.原道，（1）：55-70.

马通.1991.中国西北伊斯兰教的基本特征.兰州：兰州大学出版社.

马通.2000.中国伊斯兰教派与门宦制度史略.银川：宁夏人民出版社.

马效佩 . 2009. 圣训与苏菲行知的关系研究 . 北方民族大学学报（哲学社会科学版），
　　（1）：113-120.

马兆熙 . 2003. 东乡哈木则宗族形成与发展的考察研究 . 西北民族研究，（3）：173-
　　206.

马志勇 . 2004. 东乡族源 . 兰州：兰州大学出版社 .

勉卫忠 . 2005. 清朝前期河湟回藏贸易略论 . 西北第二民族学院学报（哲学社会科学
　　版），（3）：55-61.

（清）慕寿祺 . 1988. 甘宁青史略 . 天津：天津古籍出版社 .

牛乐 . 2011. 素壁清晖——临夏砖雕艺术研究 . 天津：天津教育出版社 .

彭措 . 1999. 西北汉族河湟支系的形成及人文特征 . 青海民族学院学报（社会科学版），
　　（4）：33-40.

邱仁富 . 2008. 文化共生论纲 . 兰州学刊，（12）：155-158.

孙晓婷 . 2017. "五更体"研究 . 陕西师范大学硕士学位论文 .

唐栩 . 2004. 甘青地区传统建筑工艺特色初探 . 天津大学硕士学位论文 .

王建平 . 1999. 波斯苏菲与中国塔利格的历史联系 . 回族研究，（4）：70-75.

王建平 . 2010. 中国陕甘宁青伊斯兰文化老照片：20 世纪 30 年代美国传教士考察纪
　　实 . 上海：上海辞书出版社 .

王建平，金有录，周义明 . 2018. 临夏老照片 . 兰州：敦煌文艺出版社 .

王建新 . 2007. 中国伊斯兰中的家族与门宦——灵明堂固原分堂的人类学研究 // 王建
　　新，刘昭瑞 . 地域社会与信仰习俗：立足田野的人类学研究 . 广州：中山大学出
　　版社 .

王雪梅，马平虎 . 2016. 伊斯兰教乃格什班底耶探析 . 青海民族大学学报，（1）：119-
　　123.

武沐，王希隆 . 2001. 试论明清时期河湟文化的特质与功能 . 兰州大学学报（社会科
　　学版），（6）：45-52.

肖笃宁，李秀珍 . 1997. 当代景观生态学的进展和展望 . 地理科学，（4）：69-77.

余超 . 2011. 浅探元明时期河湟地区新民族的形成与伊斯兰教传播发展的关系 . 剑南
　　文学，（4）：228-229.

张彩霞 . 2015. 皮尔斯符号理论研究 . 山东大学博士学位论文 .

张欢，王建朝 . 2011. 新疆和田十二木卡姆与伊斯兰教苏菲派捷斯迪耶支系仪式中萨
　　玛舞蹈之关系探析 . 西域研究，（1）：116-122.

张俊明，刘有安 . 2013. 多民族杂居地区文化共生与制衡现象探析——以河湟地区为
　　例 . 北方民族大学学报（哲学社会科学版），（4）：26-31.

张顺尧 . 2007. 甘肃伊斯兰教建筑的演变 . 同济大学硕士学位论文 .

张思温 . 1989. 积石录 . 兰州：甘肃民族出版社 .

张玉石 . 2019. 郏县文庙魁星楼所见建筑"双尺制"探析 . 文物建筑，（1）：57-64.

张中复 . 2013. 历史记忆、宗教意识与"民族"身份认同——青海卡力岗（藏语穆斯

林）的族群溯源研究．西北民族研究，（2）：34-49．

张宗奇．2006．伊斯兰文化与中国本土文化的整合．北京：东方出版社．

赵世林．2002．论民族文化传承的本质．北京大学学报（哲学社会科学版），（3）：10-16．

中国伊斯兰百科全书编辑编委会．2007．中国伊斯兰百科全书．成都：四川辞书出版社．

中国人民政治协商会议甘肃省委员会文史资料研究委员会编．1988．甘肃文史资料选辑（第28辑）·甘青闻见记．兰州：甘肃人民出版社．

周宝玲．2007．临夏回族建筑特色．重庆大学硕士学位论文．

周传斌，马文奎．2014．回族砖雕中凤凰图案的宗教意蕴——基于临夏市伊斯兰教拱北建筑的象征人类学解读．北方民族大学学报（哲学社会科学版），（3）：101-107．

周传斌，马文奎．2017．回道对话：基于甘肃临夏大拱北门宦建筑中砖雕图案的象征分析．世界宗教文化，（5）：91-99．

周燮藩．2002．苏非主义与明清之际的中国伊斯兰教．西北第二民族学院学报（哲学社会科学版），（1）：124．

朱健平．2006．翻译即解释：对翻译的重新界定——哲学诠释学的翻译观．解放军外国语学院学报，（2）：69-74．

本书参阅的宗教内部文献

《清真根源》

《临夏国拱北简史》

《中国伊斯兰教著名学者：华寺门宦道祖》

《中国伊斯兰教圣源道堂（胡门门宦）简历与其宗教特征》

《毕家场拱北简史》

《穆扶提东拱北简介》

附录：甘、宁、青地区拱北分布统计表①

省区	地点	拱北名	门宦（学派）	修建时间
甘肃省	兰州市	灵明堂拱北	虎夫耶	1984年
		灵明堂五星坪宝堂拱北	虎夫耶	清末
		灵明堂西园拱北（西园拱北）	虎夫耶	1925年
		东川大拱北（石太谷拱北）	哲赫忍耶	1914年
		东梢门拱北	哲赫忍耶	清光绪
		徐家湾"合西德"拱北	哲赫忍耶	
		西坪拱北	库布忍耶	清同治
		骆驼巷拱乐拱北	库布忍耶	
		海太拱北（海门拱北）		

① 表内统计数据来源于以下文献：临夏市地方志编纂委员会．1995．临夏市志·民族宗教．兰州：甘肃人民出版社；马翰龚，马生录，韩建业，孔祥录．1997．青海伊斯兰教拱北述略．青海民族研究，1997（3）；临夏市地方志编纂委员会．1996．临夏市年鉴（1986～1995年）·宗教工作．兰州：兰州大学出版社；广河县志编纂委员会．1995．广河县志．兰州：兰州大学出版社；东乡族自治县地方史志编纂委员会．1996．东乡族自治县志·宗教．兰州：甘肃文化出版社；临夏县志编纂委员会．1995．临夏县志．兰州：兰州大学出版社；甘肃省康乐县志编纂委员会．1998．康乐县志·宗教．北京：生活·读书·新知三联书店；积石山保安族东乡族撒拉族自治县编纂委员会．2018．中国伊斯兰百科全书．成都：四川辞书出版社；李兴华．2006．兰州伊斯兰教研究．回族研究，2006（2）；榆中县志编纂委员会．2001．榆中县志．兰州：甘肃人民出版社；1991．城关文史资料选辑·第三辑．内部发行；吴建伟．1995．中国清真寺纵览．银川：宁夏人民出版社；甘肃省·永登县西关大寺·杨宁国．2003．彭阳县文物志．银川：宁夏人民出版社；临潭县志编纂委员会．1997．临潭县志．兰州：甘肃民族出版社；刘伟．2006．宁夏回族建筑艺术．银川：宁夏人民出版社；新疆维吾尔自治区民族事务委员会．1995．新疆民族辞典．乌鲁木齐：新疆人民出版社。

续表

省区	地点	拱北名	门宦（学派）	修建时间
甘肃省	兰州市	莲花寺拱北	虎夫耶	
		华林山南坪拱北	虎夫耶	1954年迁建
		小西湖拱北		
		华林山拱北		清嘉庆
		徐家湾拱北		清同治
		南梢门外拱北	哲赫忍耶	
		潘家坝拱北		清咸丰末年
		莲花寺安太爷拱北	嘎德忍耶	
		小西湖杨太爷拱北	嘎德忍耶	
		耿家庄拱北		1929年
		屯门道祖拱北		
		沙家拱北		
		碱沟井拱北		
		仓太爷拱北		
		三一地拱北		
		沟脑拱北		
		垒洼拱北		
		青白石拱北		
		尕拱北		

续表

省区	地点	拱北名	门宦（学派）	修建时间
甘肃省	榆中县	马坡韩则岭拱北	哲赫忍耶	清中期
		野鸡沟拱北		清中期
		大磬岘拱北		
	永登县	汗则勒土贤的拱北		解放初期迁往青海
		富强堡拱北	虎夫耶	
		达子沟拱北		清同治三年（1864年）
		道堂拱北	西道堂	1979年重建
		嗛沟拱北		
	临潭县	红山拱北	古土布	清乾隆中期
		沙坡子拱北		清同治六年（1867年）
		路麻拱北	古土布	不详
		东城角陵园		1980年
		新城北庄拱北		1991年迁葬
	临洮县	穆扶提东拱北	虎夫耶	清雍正二年（1724年）
		大湾头拱北	库布忍耶	明末
		伊哈池	嘎德忍耶	清中期
	东乡县	石峡口拱北	嘎德忍耶	清嘉庆
		池那拉拱北	嘎德忍耶	民国初期
		红柳拱北		清末

续表

省区	地点	拱北名	门宦（学派）	修建时间
甘肃省		池拉拱北		清光绪
		坡头山拱北		无
		关卜岭拱北		
		妥牙拱北		
		乔鲁拱北		清中期
		洒勒拱北		清初
		妥家沟拱北		清初
		葡萄山拱北		无
		锁南洒勒拱北		无
	东乡县	沟沿拱北		清末
		上王家拱北		民国初期
		池干坪拱北		无
		沙沟门拱北		无
		塘坝拱北		清末
		红山根拱北		无
		拱北滩		清初
		孕大奴龙拱北		无
		八芬拱北		无
		红泉拱北		无

续表

省区	地点	拱北名	门宦（学派）	修建时间
甘肃省	东乡县	红泉下拱北		清中期
		大树拱北		清初
		窑洞岭拱北		清咸丰
		高山拱北		清初
		沙满拉拱北		
	临夏县	漠泥沟合塔拱北		
		韩家集拱北		清初
		北塬拱北（前石村拱北庄）		
		穆扶提西拱北	虎夫耶	清光绪十五年（1889年）
	康乐县	古土布拱北		
		中砥川的洼拱北		
		西沟八股拱北		
		上湾乡小寨山顶拱北		
		胭脂乡大庄塌石沟		
		上山拱北		
		下山拱北		
		白家山拱北		
		那那乡玄拱北		民国初期
		草滩乡林沟		

续表

省区	地点	拱北名	门宦（学派）	修建时间
甘肃省	康乐县	虎关乡马莲滩山顶拱北		
		苏集乡关扎豁麌		
		鸣鹿乡郭家庄山梁拱北		
		莲麓乡鹿麻拱北		
		鹿麻拱北		民国
		湾儿拱北		清中期
	积石山县	崖头拱北		
		高赵家拱北		1985年
		梳木拱北		
		前阳洼拱北		
		仙家拱北		
	临夏市	大拱北	嘎德忍耶	清康熙五十九年（1720年）
		老拱北	嘎德忍耶	
		大太爷拱北	嘎德忍耶	清乾隆十年（1745年）
		国拱北	嘎德忍耶	清康熙
		太太拱北	嘎德忍耶	清道光末年
		台子拱北	嘎德忍耶	乾隆二十五年（1760年）

续表

省区	地点	拱北名	门宦（学派）	修建时间
甘肃省	临夏市	古家拱北	嘎德忍耶	清康熙
		红山拱北	嘎德忍耶	清康熙三十四年（1695年）
		街子拱北	嘎德忍耶	清康熙
		华寺拱北	虎夫耶	清乾隆三十一年（1766年）
		毕家场拱北	虎夫耶	清康熙五十八年（1719年）
		临洮拱北	虎夫耶	清嘉庆十二年（1807年）
		太巴巴拱北	虎夫耶	清康熙
		大西关索麻	哲赫忍耶	清康熙五十八年（1719年）
		鱼池滩索麻	嘎德忍耶	清康熙三十一年（1692年）
		小西关索麻	嘎德忍耶	清顺治十三年（1656年）
		街子索麻	嘎德忍耶	清康熙三十四年（1695年）
		井口拱北		清道光十年（1830年）
		兰州拱北		清乾隆
		川心拱北	嘎德忍耶	清
		大爸爸拱北		清康熙
	广河县	胡门拱北	虎夫耶	清嘉庆六年（1801年）
		徐牟家拱北	虎夫耶	清同治
		海门拱北	虎夫耶	
		吾主拱北	虎夫耶	

续表

省区	地点	拱北名	门宦（学派）	修建时间
青海省	广河县	沙坡拱北	虎夫耶	清同治六年（1867年）
	夏河县	桦林湾拱北	嘎德忍耶	清
		九甲拱北	嘎德忍耶	
	西宁市	凤凰山拱北（南山拱北）		元
		鲜门拱北	虎夫耶	清乾隆
		广德门拱北	虎夫耶	清初
	祁连县	鱼儿山拱北	库布忍耶	清末
	循化县	孟达大庄上拱北	嘎德忍耶、格底目	
		孟达大庄下拱北	格底目	1980年重建
		汉平拱北	嘎德忍耶、格底目	
		羊圈沟拱北	嘎德忍耶	清末
		线尕拉拱北	嘎德忍耶	清末
		马儿坡拱北	嘎德忍耶	清乾隆
		阿拉线拱北	嘎德忍耶	
		街子拱北	嘎德忍耶	清宣统
		羊苦浪拱北	嘎德忍耶	
		积石镇托坝下拱北		
		阿卜都里·阿则孜拱北		
		阿卜都里·巴给拱北		

续表

省区	地点	拱北名	门宦（学派）	修建时间
青海省	湟中区	瓦匠庄拱北	嘎德忍耶	1985年迁建
		西街拱北		清同治
		下台庄拱北	虎夫耶	
		扎子拱北（蟠龙山拱北）	嘎德忍耶	元
		截山拱北（七垎塔拱北）		明
		拉尔宁拱北		元
		后峪拱北	虎夫耶	清中期
		下麻尔拱北	虎夫耶	1983年复建
		前沟拱北	虎夫耶	
		芦草台拱北	虎夫耶	
		后湾拱北（上错塔拱北）		
		新辈太爷拱北	虎夫耶	民国初期
	民和县	塘格拱北	虎夫耶	1942年
		清静堂拱北	嘎德忍耶	清同治四年（1865年）
		大爷拱北和朵谷拱北	哲赫忍耶	清宣统三年（1911年）
		红合先拱北	嘎德忍耶	清宣统
		清泉拱北	哲赫忍耶	清光绪十四年（1888年）
		文泉堂拱北	嘎德忍耶	1946年
		拉及沟拱北	嘎德忍耶	清光绪

续表

省区	地点	拱北名	门宦（学派）	修建时间
青海省	民和县	明德堂拱北	虎夫耶	清光绪
		前坪村拱北（转导拱北）	嘎德忍耶	1918年
		侯家岭拱北	虎夫耶	清光绪
		泉家拱北	嘎德忍耶	1953年
		窑洞拱北	虎夫耶	
		上藏拱北		
		开阳拱北		
		核桃庄拱北		
		泉儿湾拱北		
	大通县	中和堂拱北（后子河拱北）	嘎德忍耶	清乾隆
		清静堂拱北	嘎德忍耶	清同治四年（1865年）
		大爷拱北和尕爷拱北	哲赫忍耶	清宣统三年（1911年）
		峡门拱北		
		溪沟园地拱北	嘎德忍耶	清同治
		阻山拱北	嘎德忍耶	
		北山拱北	嘎德忍耶	1956年迁葬
		下黄树湾拱北	虎夫耶	1956年
		塔哇拱北	库布林耶	

续表

省区	地点	拱北名	门宦（学派）	修建时间
青海省	化隆县	阳坡庄拱北	嘎德忍耶	清
		西山拱北	虎夫耶	
		泉沟拱北	虎夫耶	清
		塔尔拱北（麻家山拱北）	虎夫耶	
		崖头拱北	嘎德忍耶	明末
		宁静堂拱北	嘎德忍耶	
		龙泉拱北	嘎德忍耶	1984年由西安迁葬
		葡萄拱北	格底目	清康熙
		石大仓关藏拱北		
		黄吾具拱北		清光绪
	门源县	白土娅豁拱北	虎夫耶	清道光二十六年（1846年）
		米麻隆拱北	虎夫耶	清咸丰三年（1853年）
		上吊沟拱北	虎夫耶	1976年迁葬
		木沟亥拱北	虎夫耶	清嘉庆十年（1805年）
		照壁山拱北	虎夫耶	清嘉庆十年（1805年）
		旱台拱北	虎夫耶	清嘉庆十年（1805年）
		岩古录拱北		
	平安区	鲜门上拱北	虎夫耶	清嘉庆
		鲜门下拱北	虎夫耶	清嘉庆

续表

省区	地点	拱北名	门宦（学派）	修建时间
宁夏回族自治区	银川市	通贵门宦道堂	虎夫耶	1938年
		塔桥拱北	虎夫耶	清嘉庆
		克马伦丁长老拱北	古土布	
		中北村拱北	古土布	
	固原市	二十里铺拱北	嘎德忍耶	始建于元代，1981年重建
		明月道堂	嘎德忍耶	1986年
		羊圈堡拱北	古土布	
		黑窑儿拱北	嘎德忍耶	
		甘石窑拱北（龙潭寺）	嘎德忍耶	
		旗杆梁拱北	虎夫耶	1990年复建
		西吉滩道堂	哲赫忍耶	
		沙沟拱北	哲赫忍耶	清光绪
		挂马沟拱北	虎夫耶	清
		古城拱北	嘎德忍耶	清
	海原县	九彩坪拱北	嘎德忍耶	清同治
		李道祖拱北	虎夫耶	20世纪40年代
		三岔河拱北	虎夫耶	
		丁海里凡拱北	虎夫耶	1985年迁修
		王家井拱北（依布拉黑麦巴巴拱北）	古土布	清末

续表

省区	地点	拱北名	门宦（学派）	修建时间
宁夏回族自治区		石塘岭拱北	嘎德忍耶	清光绪
		大梁拱北	嘎德忍耶	清同治
	吴忠市	洪岗子拱北	虎夫耶	1937年
		周海里凡拱北	虎夫耶	1948年
		同心老坟地拱北	古士布	
		王道祖道堂	虎夫耶	2005年复建
		四蘆梁子拱北	哲赫忍耶	1925年
		板桥道堂	哲赫忍耶	1946年
		鸿乐府道堂	哲赫忍耶	1922～1923年